ANDERSON RODRIGO DA SILVA

MÉTODOS DE ANÁLISE MULTIVARIADA EM R

Fealq

FUNDAÇÃO DE ESTUDOS AGRÁRIOS LUIZ DE QUEIROZ – FEALQ

Avenida Centenário, 1080 - São Dimas 13.416-000 | Piracicaba-SP | Brasil

19 3417 6600 livros@fealq.com.br www.fealq.org.br

2ª edição – maio / 2025

CAPA | João Victor Caetano de Oliveira

EDITOR | Humberto Luis Marques

COORDENAÇÃO DE PRODUÇÃO EDITORIAL | Gabriela P. S. Lopes Scatamburlo

APOIO EDITORIAL | Sonia Piacentini

GESTÃO EDITORIAL | Fabiana Cerri de Carvalho

IMPRESSÃO | Idealiza Gráfica e Editora

Dados Internacionais de Catalogação na Publicação
DIVISÃO DE BIBLIOTECA - DIBD/ESALQ/USP

Silva, Anderson Rodrigo da
Métodos de análise multivariada em R / Anderson Rodrigo da Silva. - - 2. ed. - - Piracicaba: FEALQ, 2025
209 p. : il.

ISBN: 978-65-89722-73-1

1. Análise multivariada 2. R (Software estatístico) I. Título

CDD 519.53

Elaborada por Maria Angela de Toledo Leme - CRB-8/3359

Para Alberto

Prefácio à segunda edição

Esta segunda edição acontece por dois motivos principais: (i) a aceitação da primeira edição pelo público geral, considerado o esgotamento dos exemplares; e (ii) a necessidade de revisão, atualização e ampliação do conteúdo.

A ampliação de conteúdo pode ser resumida na adição de um novo capítulo: Modelo multinomial log-linear (Cap. 10) que, assim como a Análise de variância multivariada (Cap. 8), é também usado para se fazer inferências e, assim como a Análise discriminante de Mahalanobis (Cap. 13), é também um modelo de aprendizado de máquina para problemas de classificação. Mas o leitor também irá se deparar com uma introdução às Redes de Correlação no Cap. 4.

A revisão e a atualização se referem a correções técnicas e tipográficas e a pequenas melhorias de apresentação. Por exemplo, no apêndice, a lista de pacotes especifica a versão, de modo a evitar problemas de incompatibilidade ao tentar reproduzir os exemplos resolvidos com o **R**.

Este continua sendo um livro cujo propósito é a exposição dos principais métodos multivariados, em capítulos breves, priorizando a demonstração simplificada.

A.R.S.
Maio de 2025

"Os métodos são as verdadeiras riquezas."

F.W. Nietzsche

Sumário

Lista de tabelas

Lista de figuras

Capítulo 1

Um pouco sobre a linguagem R

Este capítulo trata basicamente da criação, manipulação e checagem de objetos no R. Usuários já familiarizados podem preferir iniciar no Capítulo 2. Aos usuários iniciantes, sugere-se consultar a obra nacionalmente consagrada de Mello & Peternelli (2013), bem como realizar as lições contidas no pacote **swirl** (Carchedi et al., 2014) para um aprendizado interativo da linguagem R.

1.1. Tipos de dados

O R possui basicamente os seguintes tipos ou classes de dados:

- numeric (números reais)
- integer
- complex
- character (valores nominais, não numéricos)
- logical (TRUE/FALSE)

Exemplo: podemos definir o objeto 'a' como sendo o valor numérico 2.7; isso é feito no R da seguinte forma: `a <- 2.7` ou, de forma equivalente, `a = 2.7`.

Podemos ainda definir o objeto 'a' como sendo:

- um inteiro; exemplo: `a <- 3L`
- um número complexo; exemplo: `a <- 0+20i`
- um valor não numérico; exemplo: `a <- 'Cultivar A'`
- um valor lógico; exemplo: `a <- TRUE` ou `a <- FALSE`

Operações com números no R podem gerar ainda valores especiais, quais sejam:

- `NaN` (*Not a Number*), obtido, por exemplo, na divisão: 0/0.
- `-Inf, Inf`, obtido, por exemplo, nas divisões: -1/0 e 1/0.

Valores perdidos de quaisquer dos tipos de dados anteriores são representados por `NA` (*Not Available*).

1.2. Classes dos objetos

Os diferentes tipos de dados no R apresentam diferentes classes.

É possível checar a classe de um objeto por meio da função `class()`. Por exemplo: seja o objeto `a <- 11L`, isto é, o inteiro 11; checamos a classe desse objeto da seguinte forma:

```
R> class(a)
[1] "integer"
```

De fato, os tipos de dados são em si classes de objetos. Assim, as funções `is.numeric()`, `is.integer()`, `is.character()`, `is.complex()`, `is.logical()` também são úteis na checagem de dados. Elas retornam valores lógicos.

Não obstante, objetos mais complexos, envolvendo uma ou mais de uma classe, são comuns em *outputs* de funções do R. Muitos desses *outputs* representam uma classe própria, que define o que está contido nesse objeto, como será visto adiante.

1.3. Vetores

Um vetor é um conjunto de elementos pertencentes à mesma classe.

Criando vetores

A função `c()` (de concatenar) pode ser usada para criar vetores de objetos. Exemplos:

```
R> x <- c(1.2, 1.4, 2.7, 10)         # numeric
R> x <- c("a", "b", "c")             # character
R> x <- c(TRUE, FALSE, TRUE, TRUE)   # logical
R> x <- 11:20L                       # integer
```

A função `vector()` também pode ser usada para construir vetores.

```
R> x <- vector("numeric", length = 5L)
R> x
[1] 0 0 0 0 0
```

Coerção

O que aconteceria se misturássemos objetos de classes diferentes num mesmo vetor?

```
R> w1 <- c("a", 1.5, "b", 0.8)
R> w2 <- c(4, TRUE, FALSE, 2.2, FALSE)
R> w3 <- c(TRUE, "b", "a", FALSE)
```

Extraindo as classes de cada objeto, encontramos:

```
R> class(w1)
[1] "character"
R> class(w2)
[1] "numeric"
R> class(w3)
[1] "character"
```

Note-se que coerção trata-se de uma alteração da classe de alguns objetos para a classe comum mais plausível a todos os objetos de um vetor. Por exemplo: em `w1` não seria possível transformar os caracteres 'a' e 'b' num valor numérico, mas seria mais lógico tratar 1.5 e 0.8 como caracteres (valores não numéricos). Em `w2`, como os valores lógicos TRUE e FALSE são comumente entendidos como 1 e 0, respectivamente, todo esse vetor será tomado como sendo da classe `'numeric'`. Isso explica por que `w3` torna-se um vetor de classe `'character'`.

Subsetting

Subconjuntos de vetores podem ser extraídos usando os operadores `[ ]`.

```
R> y <- c("a", "b", "z", "k")
R> y[1]
[1] "a"
R> y[2]
[1] "b"
R> y[2:4]
[1] "b" "z" "k"
R> y[-1]
```

```
[1] "b" "z" "k"
R> y[c(1, 3)]
[1] "a" "z"
R> y[-c(1, 3)]
[1] "b" "k"
```

```
R> z <- c(1.3, 1.4, 1, 2.8, 3.9, 4.4, 0.5)
R> z[c(2, 3, 4)]
[1] 1.4 1.0 2.8
R> z >= 2
[1] FALSE FALSE FALSE  TRUE  TRUE  TRUE FALSE
R> z[z >= 2]
[1] 2.8 3.9 4.4
R> is.na(z)
[1] FALSE FALSE FALSE FALSE FALSE FALSE FALSE
```

1.4. Fatores

Vetores do tipo `factor` são usados para representar dados categóricos, ordenados ou não.

No R, fatores são especialmente úteis para ajustar modelos de regressão.

```
R> x <- factor(c("macho", "fêmea", "macho",
+                "fêmea", "fêmea"))
R> x
[1] macho fêmea macho fêmea fêmea
Levels: fêmea macho
```

A ordem dos níveis do fator 'x' pode ser ajustada pelo argumento `levels`.

```
R> x <- factor(c("macho", "fêmea", "macho",
+                "fêmea", "fêmea"),
```

```
   levels = c("macho", "fêmea"))
R> x
[1] macho fêmea macho fêmea fêmea
Levels: macho fêmea
```

Isso pode ser de fundamental importância na definição do **nível base** no modelo linear, em especial nos de rank incompleto, em que não há a estimação do efeito do nível base.

1.5. Matrizes e *arrays*

Matrizes são combinações de vetores com uma dimensão definida (linhas e colunas).

Criando matrizes e *arrays*

```
R> m1 <- matrix(nrow = 3, ncol = 4)
R> m1
  [,1] [,2] [,3] [,4]
[1,]   NA   NA   NA   NA
[2,]   NA   NA   NA   NA
[3,]   NA   NA   NA   NA
R> dim(m1)
[1] 3 4

R> m2 <- matrix(data = 1:8, nrow = 4, ncol = 2)
R> m2
     [,1] [,2]
[1,]    1    5
[2,]    2    6
[3,]    3    7
[4,]    4    8
R> dim(m2)
[1] 4 2
```

```
R> m3 <- matrix(c("a", "b", "c", "d"), nrow = 2,
+               ncol = 2, byrow = TRUE)
R> m3
     [,1] [,2]
[1,] "a"  "b"
[2,] "c"  "d"
```

Matrizes também podem ser criadas combinando vetores com as funções `cbind()`, `rbind()`.

```
R> x <- 1:4
R> y <- c(0.5, 0.6, 0.7, 0.8)
R> cbind(x, y)
     x   y
[1,] 1 0.5
[2,] 2 0.6
[3,] 3 0.7
[4,] 4 0.8

R> rbind(x, y)
  [,1] [,2] [,3] [,4]
x  1.0  2.0  3.0  4.0
y  0.5  0.6  0.7  0.8
```

Arrays, por sua vez, são combinações de matrizes de mesma dimensão.

```
R> a1 <- array(data = 1:12, dim = c(2, 2, 3))
R> a1
, , 1

     [,1] [,2]
[1,]    1    3
[2,]    2    4
```

```
, , 2

     [,1] [,2]
[1,]    5    7
[2,]    6    8

, , 3

     [,1] [,2]
[1,]    9   11
[2,]   10   12
```

Operações com matrizes

Basicamente, operações aritméticas com matrizes podem ser executadas de acordo com as indicações da Tabela 1.1 a seguir.

Tabela 1.1. Principais operações com matrizes e respectivos operadores/funções.

Adição	`+`
Subtração	`-`
Multiplicação	`%*%`
Inversão	`solve()`
Transposição	`t()`
Diagonalização*	`diag()`
Produto de Kronecker	`kronecker()`

*Extração da diagonal ou criação de matrizes diagonais.

Subsetting

Subconjuntos de matrizes podem ser extraídos usando os operadores `[i, j]` para matrizes, ou `[i, j, k, ...]` para *arrays*.

```
R> m2[1, 2]   # linha 1, coluna 2 da matriz 'm2'
[1] 5

R> m2[2:3, ] # linhas 2 a 3 de 'm2'
     [,1] [,2]
[1,]    2    6
[2,]    3    7

R> a1[1, 2, 3] # linha 1, coluna 2, matriz 3
[1] 11
```

1.6. Listas

Listas são tipos especiais de vetores que podem conter elementos de diferentes classes e comprimentos.

```
R> x <- list("Cultivar A", 2.2221,
+            c(TRUE, FALSE, FALSE))
R> x
[[1]]
[1] "Cultivar A"

[[2]]
[1] 2.2221

[[3]]
[1]  TRUE FALSE FALSE
```

A seleção de elementos específicos de uma lista é feita com os operadores duplos `[[`.

```
R> x[[1]]
[1] "Cultivar A"
```

1.7. data.frame()

Quadros de dados ou *data frames* apresentam uma característica comum às listas: ambos podem conter objetos de diferentes classes. Entretanto, os *data frames* permitem combinar apenas vetores e estes devem ter o mesmo comprimento. De fato, *data frames* são mais similares às matrizes em forma, pois têm entradas de linhas e colunas.

```
R> x <- data.frame(Cultivar = c("A", "B", "C"),
+                  Precoce = c(TRUE, FALSE, TRUE))
R> x
  Cultivar Precoce
1        A    TRUE
2        B   FALSE
3        C    TRUE
```

Data frames são comumente criados por importação de dados, a partir das funções `read.table()`, `read.csv()` ou `read.csv2()`.

1.8. Bibliografia

Carchedi, N.; Bauer, B.; Grdina, G.; Kross, S. (2014) **swirl**: Statistics with interactive R learning. R package version 2.2.0. Disponível em: `http://CRAN.R-project.org/package=swirl`

Chambers, J. M. (1998) **Programming with data**. New York: Springer.

Mello, M. P.; Peternelli, L. A. (2013) **Conhecendo o R**: uma visão mais que estatística. Viçosa, MG: Editora UFV.

R Core Team (2014) **R**: A language and environment for statistical computing. R Foundation for Statistical Computing, Viena, Áustria. Disponível em: `http://www.R-project.org/`

R Core Team (2014) **R language definition**. (Manual em pdf).

Venables, W. N. D.; Smith, M.; R Core Team (2014) **An introduction to R**. (Manual em pdf).

Capítulo 2

Representação gráfica de dados multivariados

2.1. Gráficos de dispersão 2D e draftsman

Carregue o conjunto de dados 'trees' contido no pacote **datasets**. Os dados referem-se a 31 observações medidas de três variáveis: circunferência (em polegadas), altura (em pés) e volume (em pés cúbicos) de madeira de cerejeiras negras. As seis primeiras linhas são:

```
R> head(trees)
  Girth Height Volume
1   8.3     70   10.3
2   8.6     65   10.3
3   8.8     63   10.2
4  10.5     72   16.4
5  10.7     81   18.8
6  10.8     83   19.7
```

Um gráfico de dispersão entre as duas primeiras variáveis pode ser obtido com o comando:

```
R> plot(Girth ~ Height, data = trees)
```

Pode ser traçada uma linha de regressão linear entre essas variáveis, da seguinte forma:

```
R> abline(lm(Girth ~ Height, data = trees), col = "red")
```

No entanto, o relacionamento 2-a-2 pode não ser eficiente no estudo das relações entre as variáveis. Nesse caso, uma representação de draftsman pode ser feita com a função `pairs()`.

Linhas de regressão também podem ser inseridas para cada par de variáveis. Além disso, também pode ser útil visualizar o valor das correlações. Isso pode ser feito com os argumentos `lower.panel`, `upper.panel` da seguinte forma:

```
# definindo uma função para desenhar retas de regressão
flines <- function(x, y) {
    points(x, y)
    abline(lm(y ~ x), col = "red")
}
# definindo uma função para plotar as correlações
fcor <- function(x, y) {
     par(usr = c(0, 1, 0, 1))
     txt <- as.character(round(cor(x, y), 2))
     text(0.5, 0.5, txt, cex = 3)
}
```

```
R> pairs(trees, lower.panel = flines, upper.panel = fcor)
```

A Figura 2.1. é o resultado:

2.2. Gráficos de dispersão 3D

Os pacotes **scatterplot3d** (Ligges & Mächler, 2003), **lattice** (Depayan, 2008) e **rgl** (Adler et al., 2013), dentre outros, permitem a construção de gráficos em 3d.

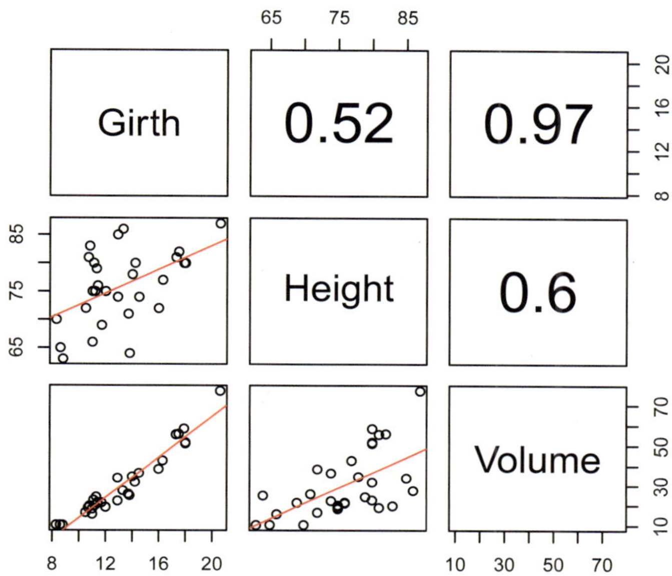

Figura 2.1. Representação de draftsman de variáveis dos dados 'trees', com ajuste de linhas de regressão e visualização das correlações.

Por exemplo, com o **scatterplot3d** podemos visualizar as três variáveis do *data set* 'trees' em um gráfico de dispersão e ainda inserir um plano de regressão (Figura 2.2). Para isso, execute os comandos a seguir:

```
R> library(scatterplot3d)
R> attach(trees)
R> graph <- scatterplot3d(Volume ~ Girth + Height,
+       pch = 16, angle = 60)
R> fit <- lm(Volume ~ Girth + Height)
R> graph$plane3d(fit, col = "blue")
```

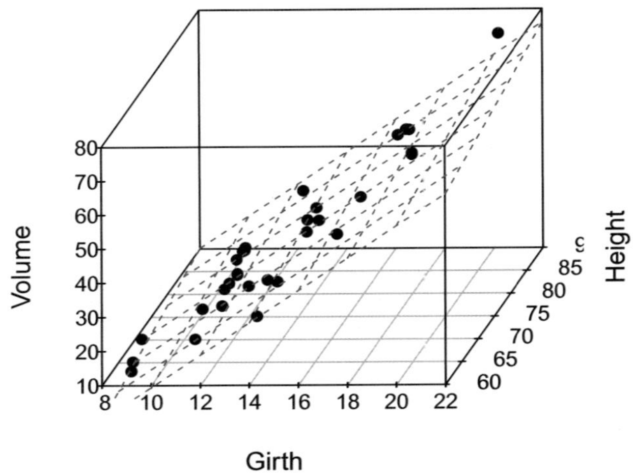

Figura 2.2. Dispersão em 3d de variáveis dos dados 'trees', com ajuste de um plano de regressão.

Com o pacote **lattice**, um resultado semelhante (Figura 2.3) de dispersão 3d é obtido com:

```
R> library(lattice)
R> cloud(Volume ~ Girth * Height, data = trees,
+    scales = list(arrows = FALSE))
```

Já o pacote **rgl** permite uma visualização interativa de gráficos 3d:

```
R> library(rgl)
R> plot3d(trees)
```

A função `surf3D()` do pacote **plot3D** (Soetaert, 2021) é uma alternativa para a construção de superfícies de resposta em geral e outros gráficos em 3D. Vejamos como seriam os comandos para um modelo de superfície para os dados de `Volume` (z) em função de

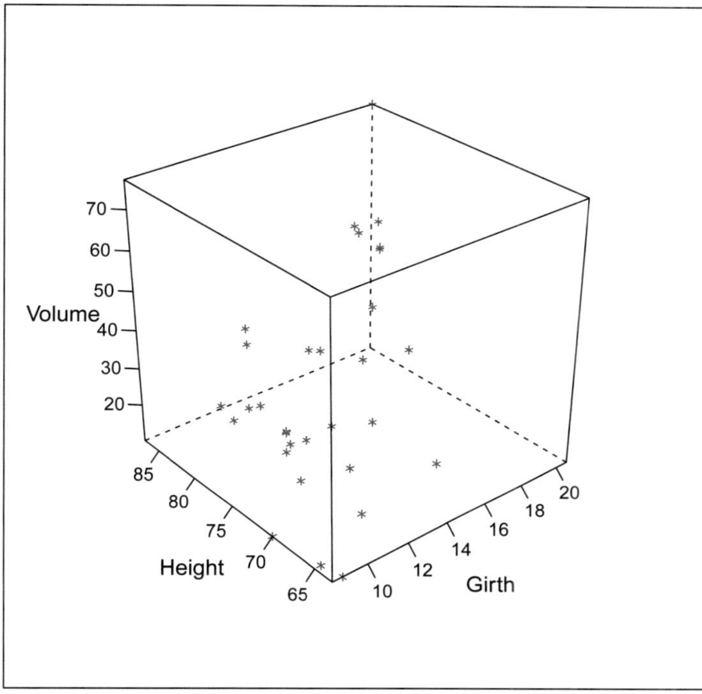

Figura 2.3. Dispersão em 3d de variáveis dos dados 'trees', usando o pacote lattice.

`Height` (x) e `Girth` (y) dos dados 'trees'. Para isso, consideremos a equação de regressão linear:

$$z = 69.4 - 1.3x - 5.8y + 0.13xy$$

Primeiramente é preciso construir uma malha de predição nos eixos x e y.

```
R> library(plot3D)
R> xy <- with(trees,
+              mesh(x = seq(min(Height),
+                          max(Height), length = 50),
```

```
+                      y = seq(min(Girth),
+                          max(Girth), length = 50)
+                     )
+                )
```

Em seguida, obter os valores preditos de z, que pode ser feito diretamente na surf3D():

```
R> with(xy,
+       surf3D(x, y, z = 69.4 - 1.3*x - 5.8*y + 0.13*x*y,
+       bty = "f"))
```

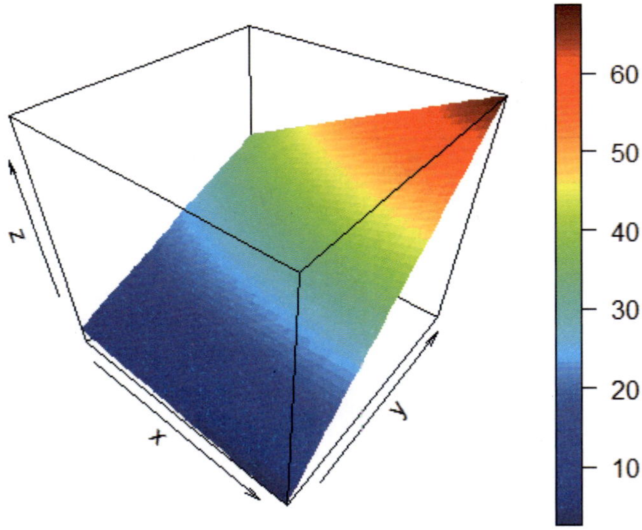

Figura 2.4. Superfície de resposta para Volume, dados 'trees'.

2.3. Faces de Chernoff

A representação multivariada de observações ou indivíduos consiste em representar os valores das diversas variáveis por meio de símbolos ou formas geométricas. Nesse sentido, gráficos do tipo faces de Chernoff (Chernoff, 1973) são uma opção de grande apelo visual.

Considere, para fins de ilustração, os dados disponíveis no pacote **datasets** com o nome 'mtcars'. Veja a descrição dos dados na documentação disponível junto com o pacote. Há 32 observações (linhas) de onze variáveis (colunas). As últimas seis linhas são:

```
R> tail(mtcars)
                mpg cyl  disp  hp drat    wt qsec vs am gear carb
Porsche 914-2  26.0   4 120.3  91 4.43 2.140 16.7  0  1    5    2
Lotus Europa   30.4   4  95.1 113 3.77 1.513 16.9  1  1    5    2
Ford Pantera L 15.8   8 351.0 264 4.22 3.170 14.5  0  1    5    4
Ferrari Dino   19.7   6 145.0 175 3.62 2.770 15.5  0  1    5    6
Maserati Bora  15.0   8 301.0 335 3.54 3.570 14.6  0  1    5    8
Volvo 142E     21.4   4 121.0 109 4.11 2.780 18.6  1  1    4    2
```

O pacote **TeachingDemos** (Snow, 2013) traz uma implementação das faces de Chernoff.

```
R> library(TeachingDemos)
R> faces(tail(mtcars))
```

O resultado é apresentado na Figura 2.5, contendo faces para as seis últimas observações de 'mtcars'.

Cada face representa uma observação multivariada (linha). O valor relativo de cada variável (coluna) numa observação é representado por uma parte da face, na seguinte ordem: 1) altura da face, 2) largura da face, 3) forma da face, 4) altura da boca, 5) largura da boca, 6) curva do sorriso, 7) altura dos olhos, 8) largura dos olhos, 9) altura do cabelo, 10) largura do cabelo, 11) estilo do

Figura 2.5. Faces de Chernoff para as seis últimas observações (carros) de onze variáveis dos dados 'mtcars'.

cabelo, 12) altura do nariz, 13) largura do nariz, 14) largura das orelhas, 15) altura das orelhas.

Então, por exemplo, podemos verificar, pela largura das faces, que Ford Pantera L e Maserati Bora são os veículos com maior número de cilindros dentre os representados no gráfico.

2.4. Gráfico de estrelas

Outra forma de representar observações multivariadas é por meio do gráfico de estrelas. Com o pacote **graphics** (padrão do R), a função `stars()` permite desenhar diagramas de estrelas. Por exemplo, utilizando as cinco últimas linhas e as cinco primeiras colunas de 'mtcars', utilizamos os comandos:

```
R> stars(mtcars[28:32, 1:5], nrow = 2,
+    key.loc = c(6.8, 1.8), draw.segments = TRUE,
+    col.segments = 1:5)
```

de forma a obter a Figura 2.6 a seguir.

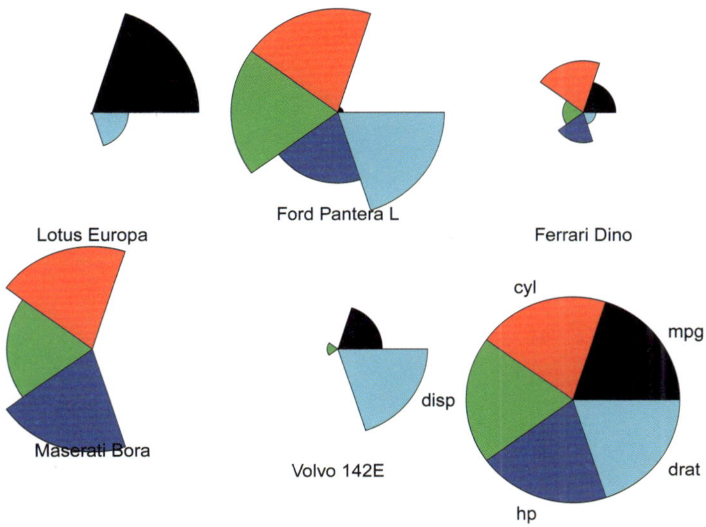

Figura 2.6. Gráficos de estrelas para as cinco últimas observações (carros) das cinco primeiras variáveis dos dados 'mtcars'.

2.5. Outras implementações

As funções `scatterplotMatrix()` do pacote **car** (Fox & Weisberg, 2011), `splom()` (pacote **lattice**) e `cpairs()` do pacote **gclus** (Hurley, 2012) são algumas opções extras para construir gráficos de dispersão do tipo draftsman de forma mais elaborada.

Os pacotes **aplpack** (Wolf & Bielefeld, 2013) e **symbols** (Myslivec, 2012) constituem ferramentas alternativas para a construção das faces de Chernoff.

2.6. Bibliografia

Adler, D. et al. (2013) **rgl**: 3D visualization device system (OpenGL). R package version 0.93.991. Disponível em: `http://CRAN.R-project.org/package=rgl`

Hurley, C. (2012) **gclus**: Clustering graphics. R package version 1.3.1. Disponível em: `http://CRAN.R-project.org/package=gclus`

Chernoff, H. (1973) The use of faces to represent points in K-dimensional space graphically. **Journal of the American Statistical Association**, 68:361-368.

Deepayan, S. (2008) **Lattice**: Multivariate data visualization with R. New York: Springer. ISBN 978-0-387-75968-5.

Fox, J.; Weisberg, S. (2011) **An {R} Companion to applied regression**. 2. ed. Thousand Oaks CA: Sage. URL: `http://socserv.socsci.mcmaster.ca/jfox/Books/Companion`

Ligges, U.; Mächler, M. (2003) Scatterplot3d - an R package for visualizing multivariate data. **Journal of Statistical Software**, 8:1-20.

Manly, B. F. J. (2008) **Métodos estatísticos multivariados**: uma introdução (tradução Sara I. Carmona). 3. ed. Porto Alegre: Bookman.

Myslivec, J. (2012) **symbols**: Symbol plots. R package version 1.1. Disponível em: `http://CRAN.R-project.org/package=symbols`

Snow, G. (2013) **TeachingDemos**: Demonstrations for teaching and learning. R package version 2.9.

`http://CRAN.R-project.org/package=TeachingDemos`

Soetaert, K. (2021) **plot3D**: Plotting Multi-Dimensional Data. R package version 1.4. Disponível em: `https://CRAN.R-project.org/package=plot3D`

Wolf, P.; Bielefeld, U. (2013) **aplpack**: Another plot package: stem.leaf, bagplot, faces, spin3R, plotsummary, plothulls, and some slider functions. R package version 1.2.9. Disponível em: `http://CRAN.R-project.org/package=aplpack`

Capítulo 3

Estatísticas descritivas de dados multivariados

Um aspecto de interesse bastante usual é o cálculo de estatísticas descritivas tais como média, desvio padrão etc., para cada uma das variáveis do conjunto de dados multivariados, o que remete à ideia de vetores de médias, vetores de desvios padrão etc.

3.1. Vetores de somas e de médias

Somas e médias de um vetor de dados (univariado) são facilmente obtidas com as funções `sum()` e `mean()`. De modo análogo, se considerarmos uma matriz de dados contendo n observações (linhas) de p variáveis (colunas), podemos usar as funções `colSums()` ou `colMeans()` para obter, respectivamente, um vetor contendo as somas ou as médias de cada variável. Por exemplo: considere novamente os dados 'trees' (31×3). Os vetores de somas e médias das três variáveis (Girth, Height e Volume) podem ser obtidos por:

```
R> colSums(trees)
Girth Height Volume
410.7 2356.0  935.3
```

```
R> colMeans(trees)
   Girth   Height   Volume
13.24839 76.00000 30.17097
```

Pode também ser de interesse calcular as somas ou as médias de cada observação (linha). Neste caso, as funções a serem usadas são: `rowSums()` e `rowMeans()`.

3.2. Usando a função apply()

As funções da seção anterior são bastante simples. Servem apenas para obter somas e médias de matrizes ou quadros de dados.

Para obter medidas como mediana, variância, desvio padrão, coeficiente de variação etc., devemos usar uma função mais geral: a função `apply()`. Com ela, estatísticas tanto das linhas quanto das colunas podem ser calculadas.

Exemplo

O mesmo vetor de médias obtido anteriormente pode ser calculado da seguinte forma:

```
R> apply(X = trees, MARGIN = 2, FUN = mean)
   Girth   Height   Volume
13.24839 76.00000 30.17097
```

sendo que o argumento `MARGIN = 2` indica estatísticas calculadas por coluna. Logicamente, `MARGIN = 1` permite realizar os cálculos por linha.

Digamos, contudo, que estamos interessados em calcular o coeficiente de variação (em %) de cada variável em ‘trees’. Sabemos que o R não traz uma função para o CV já implementada. Assim, devemos fazer:

```
R> cv <- function(x) 100 * sd(x) / mean(x)
R> apply(X = trees, MARGIN = 2, FUN = cv)
    Girth    Height    Volume
23.686948  8.383964 54.482331
```

Além disso, `apply()` também pode ser utilizada para realizar operações com *arrays*, de qualquer dimensão. Na próxima seção será dado um exemplo.

3.3. Lidando com fatores

É comum também lidarmos com dados multivariados contendo um ou mais fatores. É o caso, por exemplo, de quando realizamos análise de variância e desejamos calcular, por exemplo, os vetores de médias de cada tratamento.

Considere então o *data set* 'iris' (150×5), que contém quatro variáveis resposta nas primeiras quatro colunas e um fator chamado 'Specie', com três níveis (setosa, versicolor e virginica), na quinta coluna. Para cada espécie, há cinquenta observações medidas nas quatro variáveis. O vetor de médias para cada espécie pode ser obtido como se segue:

```
R> data(iris)
R> aggregate( .~ Species, FUN = mean, data = iris)
     Species Sepal.Length Sepal.Width Petal.Length
1     setosa        5.006       3.428        1.462
2 versicolor        5.936       2.770        4.260
3  virginica        6.588       2.974        5.552
  Petal.Width
1       0.246
2       1.326
3       2.026
```

Os objeto `iris3` consiste do mesmo conjunto de dados arranjado na forma de *array* tridimensional, com as dimensões:

$50 \times 4 \times 3$ (linhas, colunas, matrizes). Observe as duas primeiras linhas de cada matriz.

```
R> data(iris3)
R> dim(iris3)
[1] 50  4  3

R> head(iris3, n = 2L)
, , Setosa

     Sepal L. Sepal W. Petal L. Petal W.
[1,]      5.1      3.5      1.4      0.2
[2,]      4.9      3.0      1.4      0.2

, , Versicolor

     Sepal L. Sepal W. Petal L. Petal W.
[1,]      7.0      3.2      4.7      1.4
[2,]      6.4      3.2      4.5      1.5

, , Virginica

     Sepal L. Sepal W. Petal L. Petal W.
[1,]      6.3      3.3      6.0      2.5
[2,]      5.8      2.7      5.1      1.9
```

Os vetores de médias das espécies podem também ser obtidos fixando o argumento `MARGIN` para colunas (segunda dimensão) e matrizes (terceira dimensão).

```
R> apply(X = iris3, MARGIN = c(2, 3), FUN = mean)
         Setosa Versicolor Virginica
Sepal L.  5.006      5.936     6.588
Sepal W.  3.428      2.770     2.974
Petal L.  1.462      4.260     5.552
Petal W.  0.246      1.326     2.026
```

3.4. Padronizando dados multivariados

Em muitos dos métodos multivariados, a padronização de variáveis é um procedimento prévio útil e, muitas vezes, necessário para eliminar influências das diferentes unidades de medida das variáveis nos resultados.

Duas das principais formas de padronização de variáveis são:

- Variância unitária: $x_{ij}^{*} = x_{ij}/\hat{\sigma}_j$
- Média zero e variância unitária: $x_{ij}^{*} = (x_{ij} - \hat{\mu}_j)/\hat{\sigma}_j$

Exemplo

Os dados 'trees' podem ser padronizados para terem média 0 e variância 1 por meio dos comandos:

```
R> treesP <- scale(x = trees, center = TRUE,
+                  scale = TRUE)
R> head(treesP)
          Girth     Height     Volume
[1,] -1.5768542 -0.9416472 -1.2088547
[2,] -1.4812561 -1.7263533 -1.2088547
[3,] -1.4175241 -2.0402357 -1.2149382
[4,] -0.8758017 -0.6277648 -0.8377598
[5,] -0.8120696  0.7847060 -0.6917553
[6,] -0.7802036  1.0985884 -0.6370036

R> colMeans(treesP)
        Girth        Height        Volume
1.309436e-16 -7.162729e-18 -8.908644e-17

R> apply(treesP, 2, sd)
Girth Height Volume
    1      1      1
```

3.5. Exercícios

1. Calcule o vetor de amplitudes totais, $H_x = max(x) - min(x)$, dos dados 'trees'.

2. Calcule o vetor de erros padrão da média, $\hat{\sigma}_{\bar{x}} = \hat{\sigma}_x/\sqrt{n}$, por espécie, dos dados 'iris'.

3. Padronize as variáveis de 'trees' para terem média zero apenas, isto é, as variâncias devem permanecer inalteradas.

4. Padronize as variáveis de 'trees' para terem variância 1 apenas.

3.6. Bibliografia

Venables, W. N. D.; Smith, M.; R Core Team (2014) **An introduction to R**. (Manual em pdf).

Capítulo 4

Covariância e correlação

A existência de associação entre variáveis resposta é condição fundamental para realização de análises multivariadas, no sentido de que interdependência implica nenhum ganho em relação às informações obtidas com métodos univariados.

O grau de associação linear entre variáveis é usualmente medido por meio da covariância e de coeficientes de correlação.

4.1. Matrizes de covariância e de correlação

Matrizes de covariância e de correlação são facilmente obtidas no R através das funções `cov()` e `cor()`, respectivamente. Ambas permitem calcular os seguintes coeficientes: Pearson (*default*) e não paramétricas de Kendall e Spearman, bastando alterar o argumento `method`.

Por exemplo, considere novamente o *data set* 'trees'. A matriz de covariâncias é obtida por:

```
R> cov(trees)
```

```
              Girth     Height     Volume
Girth   9.847914 10.38333  49.88812
Height 10.383333 40.60000  62.66000
Volume 49.888118 62.66000 270.20280
```

em que na diagonal observamos as variâncias e, fora dela, as covariâncias entre pares de variáveis.

Devido a questões de unidades de medida, dificilmente identificamos quando uma covariância é alta ou baixa. Lembre que $-\infty < cov < \infty$.

Por sua vez, a matriz de correlação é:

```
R> cor(trees)
           Girth    Height    Volume
Girth  1.0000000 0.5192801 0.9671194
Height 0.5192801 1.0000000 0.5982497
Volume 0.9671194 0.5982497 1.0000000
```

na qual podemos observar que as variáveis *Girth* e *Volume* são positivamente e altamente correlacionadas ($cor \approx 0.97$). Lembre que $-1 \leq cor \leq 1$ e, sendo assim, a correlação é geralmente preferida em relação à covariância.

Pode haver situações em que não dispomos dos dados, mas apenas da matriz de covariâncias. Entretanto, a partir desta é possível obter a matriz de correlações, pois

$$cor(x, y) = \frac{cov(x, y)}{\sqrt{var(x)var(y)}}$$

No R, a função `cov2cor()` permite converter uma matriz de covariâncias numa matriz de correlações. Como ilustração, considere:

```
R> m <- cov(trees)
R> cov2cor(m)
           Girth    Height    Volume
```

```
Girth  1.0000000 0.5192801 0.9671194
Height 0.5192801 1.0000000 0.5982497
Volume 0.9671194 0.5982497 1.0000000
```

Por outro lado, se conhecemos apenas a matriz de correlação, não é possível retornar à matriz de covariância, a menos que tenhamos a informação das variâncias ou desvios padrão.

4.2. Representação gráfica de matrizes de correlação

A apresentação de correlações na forma de matriz numérica pode dificultar a identificação de determinados padrões de associação entre variáveis ou grupos de variáveis, em especial quando se examina matrizes de correlação de alta dimensão, digamos superior a 10. Então, métodos de representação gráfica podem facilitar o trabalho de identificação de padrões de associação.

Elipses de correlação

Elipses de correlação podem ser de grande valia quando se deseja representar graficamente uma matriz de correlações, isto é, verificar a força e a direção das associações para um número considerável de variáveis, ou mesmo quando se deseja observar correlações em blocos ou grupos de variáveis. Nesse caso, o pacote **ellipse** (Murdoch & Chow, 2013) nos fornece uma implementação através da função `plotcorr()`.

Com base nos dados 'mtcars', digamos, por exemplo, que haja dois grupos de variáveis: as sete primeiras e as quatro últimas. É possível traçar linhas delimitando os grupos, de modo a facilitar a vizualização da matriz de correlações. Podemos ainda melhorar a visualização inserindo cores proporcionais à força da correlação. Assim, correlações próximas de 0 se aproximam do branco e aquelas próximas de 1 ou -1 são representadas por elipses mais escuras.

Isso pode ser feito com o auxílio da função `color.scale()` do pacote **plotrix** (Lemon, 2006). Os comandos necessários são dados a seguir, com os quais se obtém a Figura 4.1.

```
R> library(plotrix)
R> library(ellipse)

# matriz de correlação (11 x 11)
R> mcor <- cor(mtcars)
# matriz de cores
R> mcores <- color.scale(1 - abs(mcor))
# elipses
R> plotcorr(mcor, col = mcores)
# delimitando grupos
R> abline(h = 4.5, v = 6.5, col = "red")
```

Desafio

A Figura 4.1 poderia ser ainda mais bem visualizada se definíssemos cores diferentes para correlações negativas e positivas, digamos em escalas de vermelho para negativas e azul para positivas, de modo que, se determinada correlação for próxima de zero, então sua elipse deverá ter cor mais clara, tendendo ao branco.

Baseando-se nos comandos utilizados para obter a Figura 4.1, obtenha a Figura 4.2.

Dica: fixe um dos argumentos `cs1, cs2, cs3` da função `color.scale()` em 1. Depois use os operadores de seleção (`>`, `<`, `>=`, `<=`) para indicar correlações que receberão tons de vermelho ou azul.

Rede de correlações

Numa rede de correlações as variáveis são representadas por nós ou vértices, que são conectados por linhas. Cada linha contém

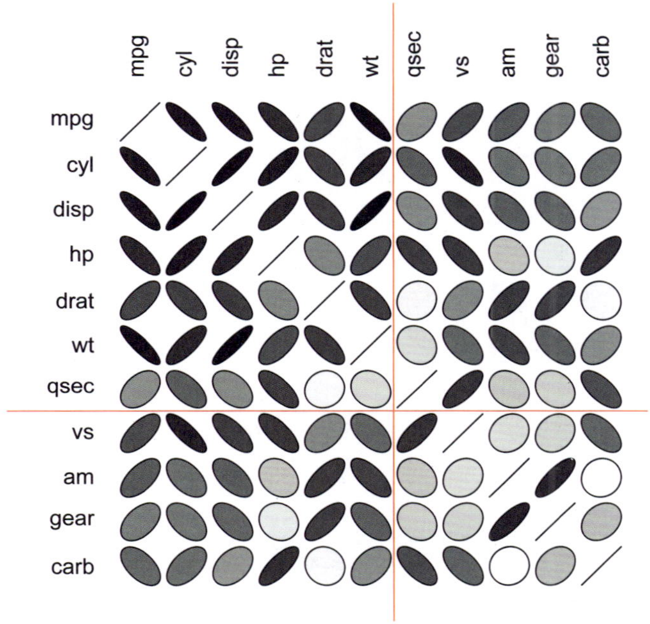

Figura 4.1. Representação gráfica da matriz de correlação dos dados 'mtcars'.

um peso que indica a força da correlação. Quanto mais forte a correlação entre duas variáveis, mais espessa a linha que as conecta na rede. As conexões entre as variáveis são determinadas pela *matriz de adjacência* $\boldsymbol{A} = h(\boldsymbol{R})$, com a seguinte função:

$$h(r_{ij}) = \frac{1}{2}[sinal(|r_{ij}| - \rho) + 1]$$

em que $\rho \in [0, 1]$ é o parâmetro de *corte*, que pode ser estabelecido como nulo, para que todas as conexões entre as variáveis possam ser apresentadas; r_{ij} é o valor da correlação na linha i e colina j da matriz $\boldsymbol{R}$.

O algoritmo Fruchterman-Reingold (Fruchterman & Reingold, 1991) é comumente usado para o *layout* da rede, por proporcionar características gráficas interessantes como uniformidade dos

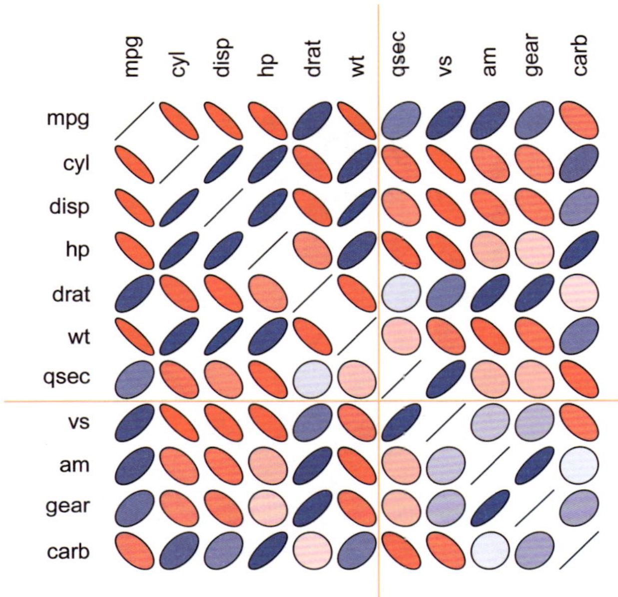

Figura 4.2. Representação gráfica da matriz de correlação dos dados 'mtcars'.

comprimentos das linhas, distribuição uniforme dos vértices na janela gráfica e minimização de cruzamento de linhas. Nas linhas, as correlações positivas aparecem em cor distinta das correlações negativas.

Vejamos o comando para construir uma rede para a matriz `mcor` com o pacote **qgraph** (Epskamp et al., 2012). O resultado é a Figura 4.3.

```
R> library(qgraph)
R> qgraph(mcor, layout = "spring")
```

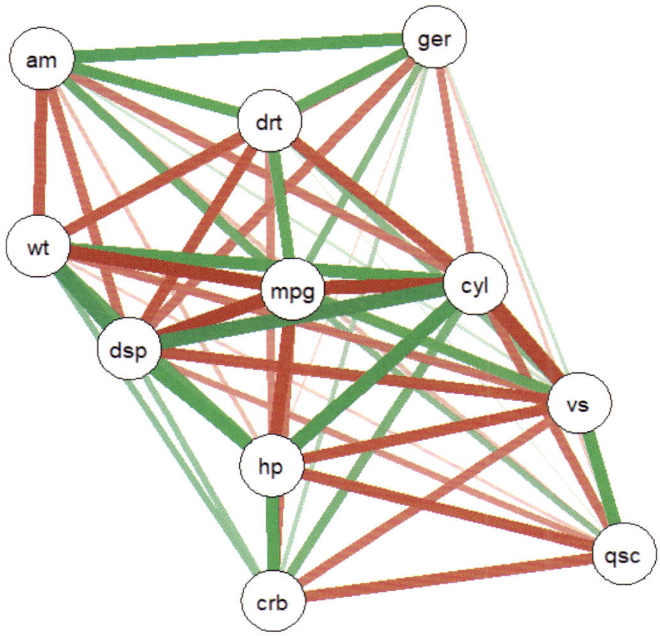

Figura 4.3. Rede de correlações dos dados 'mtcars'.

4.3. Inferências sobre elementos da matriz de correlação

Testes de significância acerca da nulidade ($H_0 : \rho = 0$) da correlação de Pearson são realizados considerando que

$$t = \frac{r}{\sqrt{\frac{1-r^2}{\nu}}} \sim t_\nu$$

sendo r o coeficiente de correlação de Pearson, ν o número de graus de liberdade (em geral $\nu = n - 2$) e t_ν a variável aleatória da distribuição t-Student.

No R, esse teste pode ser feito com a função `cor.test()` para **uma** correlação.

No pacote **biotools** (Silva, 2016) há uma função chamada `multcor.test()` que realiza o teste de correlação para cada par de variáveis, a partir da matriz de correlações. Por exemplo, dada a matriz de correlações do *data set* 'trees', a significância de cada correlação dessa matriz pode ser verificada por meio de:

```
R> library(biotools)
R> multcor.test(cor(trees), Df = nrow(trees) - 2)

        Pairwise correlation t-test

data:  cor(trees)
degrees of freedom: 29
alternative hypothesis: the true correlation is
not equal to 0
p-values (with none adjustment for multiple tests):
    Girth  Height Volume
Girth  <NA>   **     ***
Height 0.0028 <NA>
Volume 0      4e-04  <NA>
---
Signif. codes: '***'0.001 '**'0.01 '*'0.05
               '.'0.1 ' '1
```

Com essa implementação, é possível ainda ajustar os valores-p para o número de testes realizados na matriz.

4.4. Homogeneidade de matrizes de covariância

A hipótese

$$H_0 : \mathbf{\Sigma}_1 = \mathbf{\Sigma}_2 = ... = \mathbf{\Sigma}_k = \mathbf{\Sigma}$$

de igualdade ou homogeneidade das k matrizes de covariância é de especial importância em análise de variância multivariada ou em análise discriminante canônica. O teste M de Box é o mais comumente utilizado para esse fim.

A função `boxM()` do pacote **biotools** executa o teste Box M da seguinte forma:

Tome $\hat{\mathbf{\Sigma}}_1$, $\hat{\mathbf{\Sigma}}_2$, ..., $\hat{\mathbf{\Sigma}}_k$ como as matrizes de covariância estimadas $p \times p$ dos grupos, e defina

$$\hat{\mathbf{\Sigma}}_{pooled} = \frac{\nu_1 \hat{\mathbf{\Sigma}}_1 + \nu_2 \hat{\mathbf{\Sigma}}_2 + ... + \nu_k \hat{\mathbf{\Sigma}}_k}{\nu_1 + \nu_2 + ... + \nu_k}$$

como a matriz de covariância combinada para os k grupos. Considere $\nu_j = n_j - 1$ como os graus de liberdade do j-ésimo grupo. Então, defina

$$M = \log_e \left| \hat{\mathbf{\Sigma}}_{pooled} \right| \sum_{j=1}^{k} \nu_j - \sum_{j=1}^{k} \nu_j \log_e \left| \hat{\mathbf{\Sigma}}_j \right|$$

e o fator de correção

$$c = \left(\frac{2p^2 + 3p - 1}{6(p+1)(k-1)} \right) \left(\sum_{j=1}^{k} \frac{1}{\nu_j} - \frac{1}{\sum_{j=1}^{k} \nu_j} \right)$$

Então, se todas as matrizes de covariância puderem ser consideradas iguais,

$$X^2 = M(1-c) \sim \chi^2_d$$

será uma variável aleatória com, aproximadamente, uma distribuição qui-quadrado com d graus de liberdade, em que

$$d = \frac{p(p+1)(k-1)}{2}.$$

É importante observar que se houver qualquer grupo contendo menos observações do que o número de variáveis, então, provavelmente, a sua respectiva matriz de covariância não será *positiva definida*[1]. Neste caso, o teste M de Box não seria adequado. Além disso, o teste é sensível a desvios de normalidade multivariada.

Exemplo

Considere o conjunto de dados com o nome 'iris' (pacote **datasets**), que contém quatro variáveis e um fator chamado 'Species' com três níveis. Há cinquenta observações para cada espécie. Podemos assim verificar se as matrizes 4×4 de covariância das três espécies são homogêneas da seguinte forma:

```
R> boxM(data = iris[, -5], grouping = iris[, 5])

       Box's M-test for Homogeneity of Covariance
        Matrices

data:  iris[, -5]
Chi-Sq (approx.) = 140.809, df = 20, p-value < 2.2e-16
```

Como $p < 2.2 \times 10^{-16}$, dizemos que as matrizes de covariância não devem ser consideradas homogêneas.

4.5. Outras implementações

O pacote **corrplot** (Wei, 2013) também traz uma implementação para construir elipses de confiança, com um pouco mais de recursos que a função do pacote **ellipse**. Mais adiante, quando estudarmos correlação canônica, veremos um exemplo no qual um gráfico semelhante ao deste desafio será obtido.

Outra forma de visualização de matrizes de correlação é por meio de matrizes de imagens. Para isso, podemos usar, por exemplo, a função `cor.plot()` do pacote **psych** (Revelle, 2013). A

[1]Uma matriz simétrica, digamos $\mathbf{A}_n$, é positiva definida se todos os seus autovalores forem positivos. Denote $\mathbf{A}_n > 0$.

função `corr.test()` desse mesmo pacote também consiste numa alternativa para realizar inferências sobre elementos de uma matriz de correlação.

4.6. Bibliografia

Epskamp, S.; Cramer, A. O. J.; Waldorp, L. J.; Schmittmann, V. D. Borsboom, D. (2012) qgraph: Network Visualizations of Relationships in Psychometric Data. **Journal of Statistical Software**, 48(4):1-18.

Ferreira, D. F. (2011) **Estatística multivariada**. 2. ed. Lavras: Editora UFLA.

Fruchterman, T. M. J.; Reingold, E. M. (1991) Graph drawing by force-directed placement. **Software: Practice and Experience**, 21:1129-1164.

Johnson, R. A.; Wichern, D. W. (2007) **Applied multivariate statistical analysis**. 6. ed. New Jersey: Pearson.

Lemon, J. (2006) Plotrix: a package in the red light district of R. **R-News**, 6:8-12.

Murdoch, D.; Chow, E. D. (2013) **ellipse**: functions for drawing ellipses and ellipse-like confidence regions. R package version 0.3-8. Disponível em:
`http://CRAN.R-project.org/package=ellipse`

Revelle, W. (2013) **psych**: procedures for personality and psychological research, Northwestern University, Evanston, Illinois, USA. Disponível em:

http://CRAN.R-project.org/package=psych

Silva, A. R. (2016). **biotools**: tools for biometry and applied statistics in agricultural science. R package version 3.0. Disponível em:
http://CRAN.R-project.org/package=biotools

Silva, A. R.; Rêgo, E. R.; Pessoa, A. M. S.; Rêgo, M. M. (2016) Correlation network analysis between phenotypic and genotypic traits of chili pepper. **Pesquisa Agropecuária Brasileira**, 51(4):372–377.

Wei, T. (2013) **corrplot**: visualization of a correlation matrix. R package version 0.73. Disponível em:
http://CRAN.R-project.org/package=corrplot

Capítulo 5

Autovalores e autovetores

A decomposição espectral, técnica matemática que consiste na determinação de autovalores e autovetores, ocupa um lugar central na análise multivariada, uma vez que é fundamento para a maioria dos métodos multivariados de redução dimensional, tais como análise de componentes principais, análise de fatores, análise discriminante canônica, análise de correlação canônica, entre outras.

Considere uma matriz quadrada $\mathbf{A}$ $(p \times p)$, tal que a seguinte igualdade é válida:

$$\mathbf{Av} = \lambda\mathbf{v}$$

ou, de forma equivalente:

$$(\mathbf{A} - \lambda\mathbf{I})\mathbf{v} = \mathbf{0}$$

em que $\mathbf{I}$ é uma matriz identidade de dimensão p, λ é um escalar e $\mathbf{v}$ é um vetor de comprimento p de coeficientes desconhecidos.

Tem-se que a solução não trivial para esta equação (a equação característica) é dada por $det(\mathbf{A} - \lambda\mathbf{I}) = 0$, da qual se obtêm $\lambda_1, \lambda_2, ..., \lambda_p$, chamados **autovalores** de $\mathbf{A}$. A partir destes, obtêm-se $\mathbf{v}_1$, $\mathbf{v}_2$, ..., $\mathbf{v}_p$, os **autovetores** associados, isto é, para cada λ_j há um $\mathbf{v}_j$ associado.

A decomposição espectral de $\mathbf{A}$ é tal que

$$\mathbf{A} = \mathbf{V}\boldsymbol{\Lambda}\mathbf{V}^T$$

em que $\mathbf{V} = (\mathbf{v}_1, \mathbf{v}_2, ..., \mathbf{v}_p)$ e $\boldsymbol{\Lambda} = diag(\lambda_1, \lambda_2, ..., \lambda_p)$, sendo que $traço(\mathbf{A}) = \lambda_1 + \lambda_2 + ... + \lambda_p$.

Por exemplo, considere a matriz:

$$\mathbf{A} = \begin{bmatrix} 3 & 1 \\ 1 & 3 \end{bmatrix}$$

No R, procedemos da seguinte forma para obter os autovalores e autovetores de $\mathbf{A}$:

```
R> A = matrix(c(3, 1, 1, 3), nrow = 2)
R> eigen(A)
$values
[1] 4 2

$vectors
          [,1]       [,2]
[1,] 0.7071068 -0.7071068
[2,] 0.7071068  0.7071068
```

Nos métodos apresentados nos próximos capítulos, a matriz $\mathbf{A}$ é em geral uma matriz de covariâncias (ou de correlação). Assim, os autovalores $\lambda_1 = 4$ e $\lambda_2 = 2$ têm interpretação de variabilidade. O primeiro deles retém $100 \times 4/(4+2) = 66,7\%$ da variabilidade total contida em $\mathbf{A}$. Note ainda que a soma dos autovalores é igual ao traço de $\mathbf{A}$, isto é, a soma dos elementos da diagonal principal.

Exercício

No R, considere a matriz `R = cor(trees)`.

1. Obtenha os autovalores e autovetores de $\mathbf{R}$.

2. Crie um objeto chamado ‘pr1’ que receberá um valor lógico para o teste: $traço(R) = \lambda_1 + \lambda_2 + \lambda_3$.

3. Se ‘pr1 = TRUE’, construa um gráfico de barras verticais com os autovalores de **R**.

4. Mostre a decomposição espectral de **R**, reconstruindo-a.

Bibliografia

Ferreira, D. F. (2011) **Estatística multivariada**. 2. ed. Lavras: Editora UFLA.

Johnson, R. A.; Wichern, D. W. (2007) **Applied multivariate statistical analysis**. 6. ed. New Jersey: Pearson.

Krzanowski, W. J. (2000) **Principles of multivariate analysis:** a user’s perspective. Oxford: Oxford University Press.

Manly, B. F. J. (2008) **Métodos estatísticos multivariados:** uma introdução (tradução Sara I. Carmona). 3. ed. Porto Alegre: Bookman.

Capítulo 6

Análise de componentes principais

6.1. Introdução

A análise de componentes principais é um dos métodos multivariados mais simples e também um dos mais utilizados. O objetivo é tomar p variáveis resposta $(X_1, X_2, ..., X_p)$ e, a partir delas, encontrar combinações lineares para produzir variáveis latentes $(Z_1, Z_2, ..., Z_p)$, chamadas **componentes principais**, que sejam não correlacionadas na ordem de sua importância e que descrevam a variação dos dados. A ordem da importância dessas variáveis é tal que $Var(Z_1) \geq Var(Z_2) \geq ... \geq Var(Z_p)$, sendo $Var(Z_j)$ a variância do j-ésimo componente, ou seu autovalor.

A idéia geral é que poucos componentes, digamos dois ou três, sejam capazes de sintetizar a variação total das p variáveis resposta. Assim, o objetivo é a redução dimensional. Entretanto, se as variáveis originais forem não correlacionadas, então a análise de componentes principais não será eficaz na redução da dimensão dos dados.

6.2. Procedimento

Seja $\mathbf{X}$ a matriz de n observações e p variáveis. O primeiro componente principal é uma combinação linear tal que

$$Z_1 = a_{11}X_1 + a_{12}X_2 + ... + a_{1p}X_p$$

sendo a_{1j} o coeficiente associado à importância da j-ésima variável resposta em Z_1. A determinação desses coeficientes é feita por meio da técnica de autovalores e autovetores da matriz de covariância ou da matriz de correlação[1], resolvendo

$$(\mathbf{R} - \lambda_j\mathbf{I})\mathbf{a}_j = \mathbf{0}$$

em que $\mathbf{R}$ é a matriz de correlação das p variáveis resposta, λ_j é o j-ésimo autovalor dessa matriz e $\mathbf{a}_j$ é o j-ésimo autovetor associado, isto é, o conjunto de coeficientes do j-ésimo componente principal.

Tem-se então que

$$Z_1 = \mathbf{X}\mathbf{a}_1$$

são os valores (escores) do primeiro componente.

6.3. Número de componentes retidos

A proporção da variância total de $\mathbf{X}$ que é explicada pelo j-ésimo componente principal é dada por

$$\frac{Var(Z_j)}{Var(\mathbf{X})} = \frac{\lambda_j}{\sum_{j=1}^{p}\lambda_j}$$

Em termos de redução dimensional, é bastante sugestivo pensar em substituir, por exemplo, quinze ou vinte variáveis resposta

[1]É indicado que a ACP seja realizada sempre a partir da matriz de correlação, para evitar problemas com unidades de medidas das diferentes variáveis.

por dois ou três componentes principais representativos da maior parte da variação total, digamos 80%. De fato, dizemos que uma análise de componentes principais é bem sucedida quando há significativa redução dimensional com um mínimo de perda de informação. Esse percentual é usualmente citado na literatura, embora não seja uma regra.

Em se tratando de uma análise realizada com base na matriz de correlações, isto é, tendo-se padronizado as variáveis resposta para terem média zero e variância um, outro critério é bastante útil na definição do número de componentes a serem retidos: a escolha de componentes cujo autovalor seja maior que a unidade. Este critério é baseado no fato de que um componente principal deve apresentar variância (autovalor) maior que qualquer uma das variâncias das variáveis resposta (1, no caso).

6.4. Interpretação

A interpretação dos componentes deve ser feita em termos das magnitudes dos coeficientes (*loadings*) associados às variáveis originais, de modo que um alto valor de um coeficiente, positivo ou negativo, indica maior 'peso' da variável original correspondente em termos de variação dos dados.

6.5. Exemplo

Considere os dados do *data set* 'mtcars' (do pacote **datasets**). Uma análise de componentes principais pode ser feita com a função `princomp()` a partir da matriz de correlações, da seguinte forma:

```
R> acp <- princomp(mtcars, cor = TRUE)
R> summary(acp)

Importance of components:
```

```
                          Comp.1    Comp.2     Comp.3
Standard deviation     2.5706809 1.6280258 0.79195787
Proportion of Variance 0.6007637 0.2409516 0.05701793
Cumulative Proportion  0.6007637 0.8417153 0.89873322
                          Comp.4     Comp.5    Comp.6
Standard deviation     0.5192277 0.47270615 0.4599957
Proportion of Variance 0.0245088 0.02031374 0.0192360
Cumulative Proportion  0.9232420 0.94355581 0.9627918
                          Comp.7     Comp.8    Comp.9
Standard deviation     0.3677798 0.35057301 0.2775727
Proportion of Variance 0.0122965 0.01117286 0.0070042
Cumulative Proportion  0.9750883 0.98626123 0.9932654
                          Comp.10    Comp.11
Standard deviation     0.22811278 0.14847358
Proportion of Variance 0.00473049 0.00200403
Cumulative Proportion  0.99799596 1.00000000
```

O primeiro componente principal (Comp.1) reteve 60,07% da variação total dos dados; o Comp.2, por sua vez, explica 24,09% dessa variação. Uma forma gráfica interessante para visualizar esse tipo de informação é o gráfico *screeplot*, como exemplificado na Figura 6.1.

Observe no gráfico que os valores das variâncias (autovalores) são apresentados, ao contrário do que é impresso com a função `summary()` utilizada anteriormente. Com esta, os desvios padrão (*standard deviations*, a raiz quadrada dos autovalores) são apresentados. Para obter esse screeplot, use:

```
R> screeplot(acp)
```

Observando a matriz de autovetores (*Loadings*),

```
R> print(acp$loadings, cutoff = 0)   # autovetores
```

```
Loadings:
```

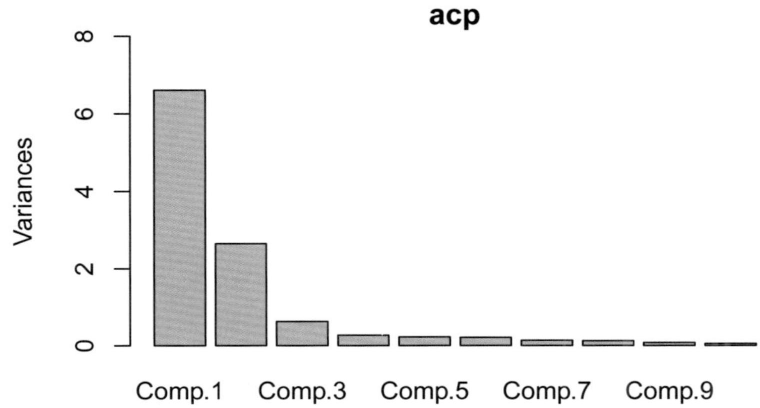

Figura 6.1. *Screeplot* da análise de componentes principais a partir da matriz de correlação dos dados 'mtcars'.

	Comp.1	Comp.2	Comp.3	Comp.4	Comp.5	Comp.6	Comp.7
mpg	0.363	-0.016	-0.226	-0.023	-0.103	0.109	0.368
cyl	-0.374	-0.044	-0.175	-0.003	-0.058	-0.169	0.057
disp	-0.368	0.049	-0.061	0.257	-0.394	0.336	0.214
hp	-0.330	-0.249	0.140	-0.068	-0.540	-0.071	-0.001
drat	0.294	-0.275	0.161	0.855	-0.077	-0.244	0.021
wt	-0.346	0.143	0.342	0.246	0.075	0.465	-0.021
qsec	0.200	0.463	0.403	0.068	0.165	0.330	0.050
vs	0.307	0.232	0.429	-0.215	-0.600	-0.194	-0.266
am	0.235	-0.429	-0.206	-0.030	-0.090	0.571	-0.587
gear	0.207	-0.462	0.290	-0.265	-0.048	0.244	0.605
carb	-0.214	-0.414	0.529	-0.127	0.361	-0.184	-0.175

	Comp.8	Comp.9	Comp.10	Comp.11
mpg	0.754	-0.236	0.139	-0.125
cyl	0.231	-0.054	-0.846	-0.141
disp	-0.001	-0.198	0.049	0.661
hp	0.222	0.576	0.248	-0.256
drat	-0.032	0.047	-0.101	-0.040
wt	0.009	-0.359	0.094	-0.567

```
qsec  0.232  0.528 -0.271   0.181
vs   -0.026 -0.359 -0.159   0.008
am    0.060  0.047 -0.178   0.030
gear -0.336  0.002 -0.214  -0.054
carb  0.396 -0.171  0.072   0.320
```

Percebemos que o primeiro componente principal é dado por:

$$Z_1 = 0.363mpg - 0.374cyl - 0.368disp \; ... - 0.214carb$$

Com isso, é bastante relevante saber quais são as variáveis que mais contribuíram para a variabilidade do primeiro componente principal. Isso é feito examinando os valores dessa variável associados a Comp.1. Uma forma interessante de fazer esse exame é por meio de um gráfico de barras (Figura 6.2).

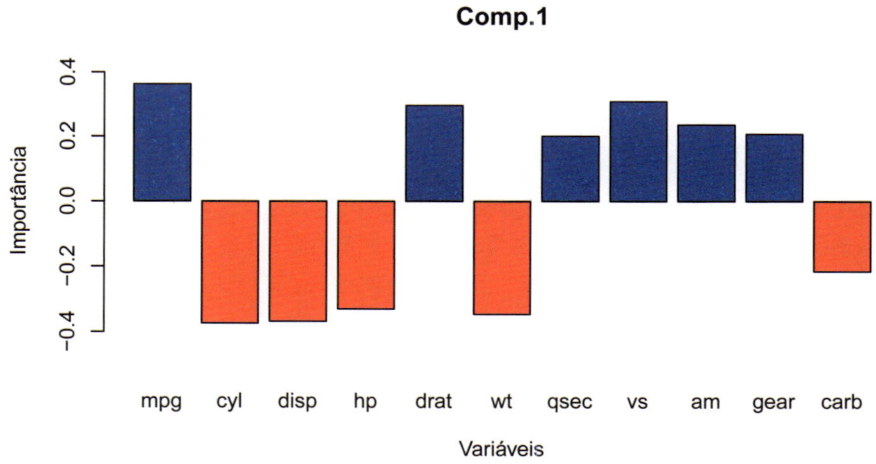

Figura 6.2. Gráfico de barras contendo a importância (autovetor) das variáveis no primeiro componente principal, obtido a partir da matriz de correlação dos dados 'mtcars'.

Para obter a Figura 6.2, use:

```
R> barplot(acp$loadings[, 1], beside = TRUE,
+          col = sign(acp$loadings[, 1]) + 3,
+          ylim = c(-0.5, 0.5),
+          ylab = "Importância",
+          xlab = "Variáveis",
+          main = "Comp.1")
```

Note que Z_1 consiste em um contraste entre as variáveis relacionadas à potência dos carros (cyl, disp, hp, wt e carb) e as variáveis relacionadas à economia (mpg, drat, qsec, vs, am e gear).

Agora, uma vez que Z_1 e Z_2 retém cerca de 84% da variação total dos dados, os seus escores poderiam ser dispostos num gráfico de dispersão, para identificação da similaridade das observações.

6.6. Biplot

Biplot é um método gráfico proposto por Gabriel (1971) para representação de uma matriz retangular ($n \times p$) em duas ou três dimensões, de forma que seja possível identificar as observações (linhas) e as variáveis (colunas) dessa matriz. Daí o nome *bi*plot.

Num biplot, o interesse é, basicamente, avaliar a proximidade das observações, o relacionamento das variáveis entre si e a relação das observações com as variáveis.

O método consiste em aproximar uma dada matriz de dados, digamos $\mathbf{X}$, pela fatorização dela em duas matrizes:

$$\mathbf{X} = \mathbf{G}\mathbf{H}^T$$

A técnica matemática por trás do biplot é a **decomposição em valores singulares**, uma generalização da decomposição espectral, vista na análise de componentes principais. Tem-se então que a decomposição em valores singulares da matriz $\mathbf{X}$ pode ser escrita como o produto de duas matrizes, isto é:

$$
\begin{aligned}
\mathbf{X} &= \mathbf{U}\mathbf{D}\mathbf{V}^T \\
&= (\mathbf{U}\mathbf{D}^{1-\alpha})(\mathbf{D}^{\alpha}\mathbf{V}^T) \\
&= \mathbf{G}\mathbf{H}^T
\end{aligned}
$$

sendo $\mathbf{D}$ a matriz de valores singulares de $\mathbf{X}$, que também pode ser representada como a matriz de autovalores de $\mathbf{X}^T\mathbf{X}$. A constante α é em geral um valor entre 0 e 1, e sua escolha está diretamente ligada à interpretação na representação das observações e/ou das variáveis. Os valores comumente adotados são $\alpha = 0, 1/2, 1$.

Considere tomar apenas as duas primeiras colunas de $\mathbf{G}$ e de $\mathbf{H}$. Assim, temos a aproximação:

$$\mathbf{X} \approx \mathbf{G}_{(\mathbf{2})}\mathbf{H}_{(\mathbf{2})}{}^T$$

Gráficos *biplot* são bastante úteis quando da análise de componentes principais. De fato, o biplot permite visualizar tanto os escores dos primeiros componentes principais quanto as cargas das variáveis que os compõem. Por exemplo, a partir da ACP anterior, podemos executar o comando a seguir para obter a Figura 6.3:

```
R> biplot(acp, scale = 0)
```

Com o argumento `scale = 0` ($\alpha = 0$), garantimos que a posição das observações no biplot seja exatamente o valor dos escores dos primeiros dois componentes principais. Além disso, a posição das variáveis corresponde aos seus coeficientes nesses componentes.

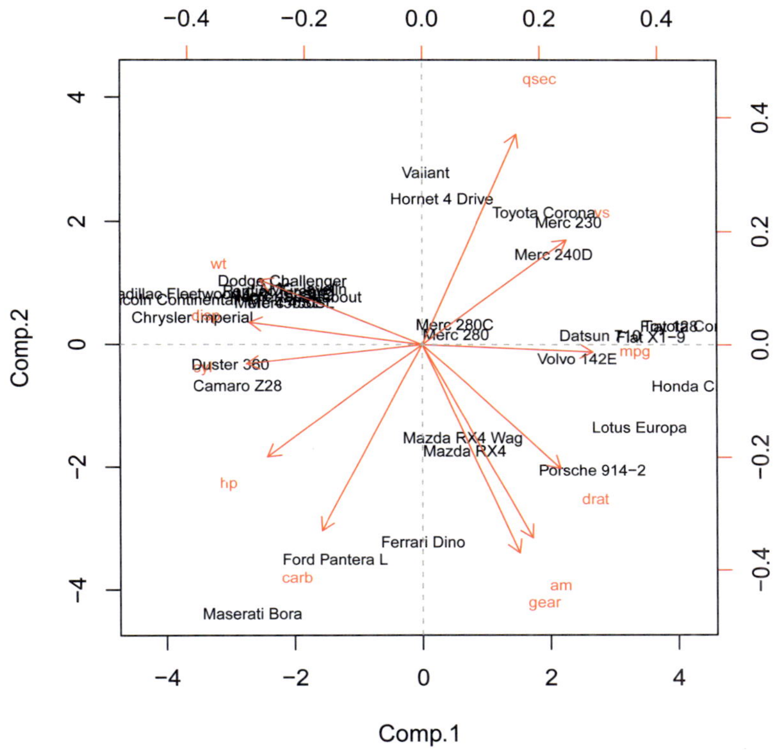

Figura 6.3. *Biplot* da análise de componentes principais a partir da matriz de correlação dos dados 'mtcars'.

6.7. Exercício

O *data set* 'USArrests' do pacote **datasets** contém dados do número de prisões por assalto, assassinato e estupro nos cinquenta estados americanos, bem como o percentual de população urbana neles no ano de 1973. Realize uma análise de componentes principais e utilize um gráfico *biplot* para formular conclusões acerca dos estados com maior/menor número de prisões e para identificar quais variáveis estão associadas a esses números.

Desafio

Com base na ACP dos dados 'USArrests', construa um gráfico de dispersão com os escores dos dois primeiros componentes principais, destacando os dez estados mais seguros com a cor azul e os dez menos seguros com a cor vermelha.

6.8. Outras implementações

A função `prcomp()` do pacote **stats** (padrão do R) também realiza a análise de componentes principais, diferindo da `princomp()` basicamente pelo método de obtenção dos autovalores e autovetores via decomposição em valores singulares.

Os pacotes **FactoMineR** (Husson et al., 2014), **ade4** (Dray & Dufour, 2007) e **amap** (Lucas, 2014) também contêm implementações para realizar análise de componentes principais e gráficos biplot.

6.9. Bibliografia

Dray, S.; Dufour, A. B. (2007) The ade4 package: implementing the duality diagram for ecologists. **Journal of Statistical Software**, 22:1-20.

Ferreira, D. F. (2011) **Estatística multivariada**. 2. ed. Lavras: Editora UFLA.

Gabriel, K. R. (1971) The biplot graphical display of matrices with application to principal component analysis. **Biometrika**, 58:453-467.

Husson, F.; Josse, J.; Le, S.; Mazet, J. (2014) **FactoMineR**:

multivariate exploratory data analysis and data mining with R. R package version 1.26. Disponível em:
http://CRAN.R-project.org/package=FactoMineR

Johnson, R. A.; Wichern, D. W. (2007) **Applied multivariate statistical analysis**. 6. ed. New Jersey: Pearson.

Krzanowski, W. J. (2000) **Principles of multivariate analysis:** a user's perspective. Oxford: Oxford University Press.

Lucas, A. (2014) **amap**: another multidimensional analysis package. R package version 0.8-12. Disponível em:
http://CRAN.R-project.org/package=amap

Manly, B. F. J. (2008) **Métodos estatísticos multivariados**: uma introdução (tradução Sara I. Carmona). 3. ed. Porto Alegre: Bookman.

Rencher, A. (2002) **Methods of multivariate analysis**. 2. ed. New York: John Wiley & Sons.

Capítulo 7

Análise de fatores

7.1. Introdução

A análise de fatores tem uma finalidade semelhante à de componentes principais, isto é, descrever a variabilidade total de um conjunto de dados tomados de p variáveis resposta em termos de um número m, $m < p$, de variáveis índices, chamados fatores comuns. A diferença é que a análise de fatores é baseada num modelo estatístico linear que relaciona as variáveis resposta padronizadas (média zero e variância um) aos fatores comuns.

7.2. Procedimento

Seja X_j a j-ésima ($j = 1, 2, ..., p$) variável resposta. O modelo ortogonal de análise de fatores é tal que

$$(X_j - \mu_j)/\sigma_j = l_{j1}F_1 + l_{j2}F_2 + ... + l_{jm}F_m + \epsilon_j$$

sendo l_{jk} a carga (*loading*) da j-ésima variável no k-ésimo fator ($k = 1, 2, ..., m$) comum. ϵ_j é um erro aleatório resultante da retenção de apenas m dos p fatores possíveis, ou seja, um erro correspondente a parte da variabilidade contida em X_j que não é explicada pelos fatores comuns; por vezes, ϵ é chamado de fator específico.

Em notação matricial, tem-se:

$$\mathbf{D}^{-1}(\mathbf{X} - \boldsymbol{\mu}) = \mathbf{LF} + \boldsymbol{\epsilon}$$

em que $\mathbf{D} = diag(\sigma_j)$.

Sendo as variáveis padronizadas, temos as seguintes implicações:

$$\begin{aligned} E(\mathbf{F}) &= \mathbf{0}_m \\ Var(\mathbf{F}) &= \mathbf{I}_m \\ E(\boldsymbol{\epsilon}) &= \mathbf{0}_p \\ Var(\boldsymbol{\epsilon}) &= \boldsymbol{\Psi} = diag(\psi_j) \end{aligned}$$

Decorre, então, que a análise de fatores é um modelo para a matriz de correlação ($\mathbf{R}$) de $\mathbf{X}$, pois

$$\begin{aligned} Var(\mathbf{D}^{-1}(\mathbf{X} - \boldsymbol{\mu})) &= Var(\mathbf{LF} + \boldsymbol{\epsilon}) \\ \mathbf{R} &= \mathbf{L}Var(\mathbf{F})\mathbf{L}^T + \boldsymbol{\Psi} \\ &= \mathbf{LL}^T + \boldsymbol{\Psi} \end{aligned}$$

Assim, na forma univariada, temos:

$$Var((X_j - \mu_j)/\sigma_j) = l_{j1}^2 + l_{j2}^2 + ... + l_{jm}^2 + \psi_j$$

em que a soma dos termos l_{jk}^2 é chamada comunalidade e representa a parte da variância da j-ésima variável resposta padronizada que é relacionada aos fatores comuns. Analogamente, $Var(\epsilon_j) = \psi_j$ é chamada especificidade.

Duas formas usuais de determinação das cargas (matriz $\mathbf{L}$, *loadings*) são via componentes principais ou via estimação pelo método da máxima verossimilhança. Este último, entretanto, requer o conhecimento da distribuição conjunta de probabilidades das variáveis resposta. Nesse contexto, a distribuição normal multivariada é comumente adotada.

7.3. Análise de fatores via componentes principais

Considere $\mathbf{V}$ uma matriz constituída de m dos p possíveis autovetores normalizados (norma unitária), isto é, cujos comprimentos são iguais a 1, obtida a partir de uma análise de componentes principais com base na matriz de correlação ($\mathbf{R}$). Agora tome $\mathbf{\Lambda} = diag(\lambda_k)$, $k = 1, 2, ..., m$, a matriz diagonal contendo os m primeiros autovalores associados a $\mathbf{V}$.

Uma vez que os componentes principais são não correlacionados entre si, as matrizes $\mathbf{L}$ e $\mathbf{\Psi}$ podem então ser estimadas por:

$$\begin{aligned}\hat{\mathbf{L}} &= \mathbf{V}\mathbf{\Lambda}^{1/2} \\ \hat{\mathbf{\Psi}} &= \mathbf{R} - \hat{\mathbf{L}}\hat{\mathbf{L}}^T\end{aligned}$$

Realizando a análise de fatores a partir de componentes principais, podemos determinar o número m de fatores comuns utilizando as mesmas regras vistas em componentes principais. Perceba que como os componentes principais foram obtidos a partir da matriz de correlação, então podemos reter tantos fatores quantos forem os autovalores maiores que 1. Outro critério seria escolher m tal que a proporção de variância contida nos m primeiros componentes principais seja um valor razoavelmente alto, digamos 0,80.

7.4. Estimação pelo método da máxima verossimilhança

Considerando que $X \sim N_p(\boldsymbol{\mu}, \mathbf{\Sigma})$ ou, de forma equivalente, $\mathbf{Z} = \mathbf{D}^{-1}(\mathbf{X} - \boldsymbol{\mu}) \sim N_p(\mathbf{0}, \mathbf{R})$, e dado o modelo de fatores ortogonais anteriormente descrito, podemos escrever a função de verossimilhança em termos das matrizes $\mathbf{L}$ e $\boldsymbol{\Psi}$, da seguinte forma:

$$
\begin{aligned}
L(\mathbf{R}|\mathbf{z}_i) &= \frac{1}{(2\pi)^{\frac{np}{2}}}|\mathbf{R}|^{-\frac{n}{2}} \exp\left(-\frac{1}{2}\sum_{i=1}^{n}\mathbf{z}_i^T\mathbf{R}^{-1}\mathbf{z}_i\right) \\
&= \frac{1}{(2\pi)^{\frac{np}{2}}}|\mathbf{L}\mathbf{L}^T+\boldsymbol{\Psi}|^{-\frac{n}{2}} \exp\left(-\frac{1}{2}\sum_{i=1}^{n}\mathbf{z}_i^T(\mathbf{L}\mathbf{L}^T+\boldsymbol{\Psi})^{-1}\mathbf{z}_i\right)
\end{aligned}
$$

a qual, por métodos numéricos iterativos, será maximizada quando avaliada em $\hat{\mathbf{L}}$ e $\hat{\boldsymbol{\Psi}}$, os estimadores de máxima verossimilhança de $\mathbf{L}$ e $\boldsymbol{\Psi}$, respectivamente.

Exemplo

Considere os dados da Tabela 7.1. Eles foram tomados em dezoito frutos de pimentas do gênero *Capsicum* em relação às seguintes variáveis de fruto: peso médio (PMF), comprimento (CF), maior diâmetro (MADF), menor diâmetro (MEDF), espessura do pericarpo (EP), grau brix (BRIX) e acidez (ACIDEZ).

Usaremos a implementação padrão do R, com a função `factanal()` do pacote **stats**. Essa implementação usa apenas o método da máxima verossimilhança para estimação das cargas.

```
R> pimentas <- read.table("pimentas.txt", header= TRUE)
R> fac <- factanal(pimentas, factors = 2,
+                  rotation = "none")
R> fac

Call:
factanal(x = pimentas, factors = 2, rotation = "none")

Uniquenesses:
  PMF    CF  MADF  MEDF    EP  BRIX ACIDEZ
0.066 0.190 0.034 0.056 0.674 0.037 0.145

Loadings:
```

Tabela 7.1. Dados de dezoito frutos de pimentas *Capsicum* tomados em relação a sete variáveis, morfométricas e químicas.

Fruto	PMF	CF	MADF	MEDF	EP	BRIX	ACIDEZ
1	9,73	2,36	3,85	1,94	0,23	5,00	0,76
2	8,02	3,51	3,33	1,13	0,15	5,30	0,67
3	0,23	1,59	0,44	0,17	0,05	11,80	3,95
4	0,27	1,68	0,48	0,13	0,05	10,30	3,31
5	7,96	7,96	2,09	0,67	0,15	5,33	0,94
6	5,31	6,27	1,86	0,62	0,15	5,67	0,58
7	9,14	3,11	3,23	1,28	0,28	4,80	0,93
8	9,00	2,67	3,36	1,54	0,26	5,06	0,68
9	11,86	3,70	3,16	1,63	0,24	5,66	0,63
10	12,12	3,52	3,28	1,77	0,24	4,26	0,56
11	14,89	3,53	4,62	2,50	0,18	2,06	0,80
12	13,12	3,38	4,42	2,44	0,19	4,16	0,78
13	6,99	4,88	2,24	1,28	0,23	6,00	0,79
14	6,75	4,47	2,27	1,42	0,20	5,00	0,82
15	8,27	2,46	2,82	1,49	0,38	5,66	0,80
16	7,91	2,43	2,74	1,50	0,36	5,63	0,78
17	6,67	6,73	1,79	0,60	0,17	5,60	0,61
18	5,93	6,35	1,78	0,34	0,16	4,70	0,86

```
     Factor1 Factor2
PMF    0.966
CF             -0.900
MADF   0.965    0.185
MEDF   0.907    0.348
EP     0.570
```

```
BRIX   -0.917  0.350
ACIDEZ -0.795  0.472

               Factor1 Factor2
SS loadings      4.487   1.312
Proportion Var   0.641   0.187
Cumulative Var   0.641   0.828

Test of the hypothesis that 2 factors are sufficient.
The chi square statistic is 15.84 on 8 degrees of
freedom.
The p-value is 0.0447
```

Podemos observar que as especificidades (`Uniquenesses`) são na maioria baixas, com exceção da espessura do pericarpo (0,674). Isso indica que as variáveis estão sendo em grande parte explicadas pelos fatores comuns. Lembre que:

$$\text{comunalidade} = 1 - \text{especificidade}.$$

Os dois primeiros fatores comuns (como solicitado na função) correspondem a 82,8% da variação total. O primeiro fator apresenta cargas altas para as variáveis PMF, MADF, MEDF (positivas), BRIX e ACIDEZ (negativas). Portanto, esse pode ser considerado uma medida contrastante de morfologia e características químicas dos frutos. Por sua vez, o fator 2 reflete basicamente o comprimento do fruto, variável que apresentou carga bastante baixa no fator 1 (a função automaticamente deixa de imprimir cargas muito baixas).

7.5. Calculando escores

Tal como na análise de componentes principais, a obtenção de escores relacionados aos fatores comuns pode ser de grande utilidade na avaliação de padrões de dispersão das observações, os chamados mapas de percepção.

Dentre alguns dos métodos usados, abordaremos aqui o método dos mínimos quadrados ponderados de Bartlett (1937, 1938), que consiste em minimizar a soma de quadrados dos erros ponderados. Dadas as matrizes $\hat{\mathbf{L}}$ e $\hat{\boldsymbol{\Psi}}$, calculamos o i-ésimo vetor de escores dos m fatores comuns, $\hat{\mathbf{F}}_i$, por meio da solução:

$$\hat{\mathbf{F}}_i = (\hat{\mathbf{L}}^T \hat{\boldsymbol{\Psi}}^{-1} \hat{\mathbf{L}})^{-1} \hat{\mathbf{L}}^T \hat{\boldsymbol{\Psi}}^{-1} \mathbf{z}_i$$

Dado o objeto `fac` contendo o ajuste do modelo de fatores, uma forma prática de solicitar os escores dos dois primeiros fatores é usando a função `update()`.

```
R> fac <- update(fac, scores = "Bartlett")
R> fac$scores
         Factor1     Factor2
[1,]  0.73236982  0.97854872
[2,]  0.23740838  0.01736332
[3,] -2.35421509  1.76856801
[4,] -2.10351425  1.02618218
[5,] -0.27210200 -1.63840709
[6,] -0.49850524 -1.41220190
[7,]  0.36523646  0.08498855
[8,]  0.44706941  0.43295197
[9,]  0.46568536  0.42846194
[10,]  0.74582727  0.09973561
[11,]  1.74083018  0.44455866
[12,]  1.30145568  1.07810618
[13,] -0.18105792 -0.30499308
[14,] -0.01531756 -0.45663711
[15,]  0.16541162  0.48078661
[16,]  0.13120567  0.44276797
[17,] -0.45152771 -1.55236323
[18,] -0.45626010 -1.91841733
```

Um mapa de percepção a partir desses escores é apresentado na Figura 7.1.

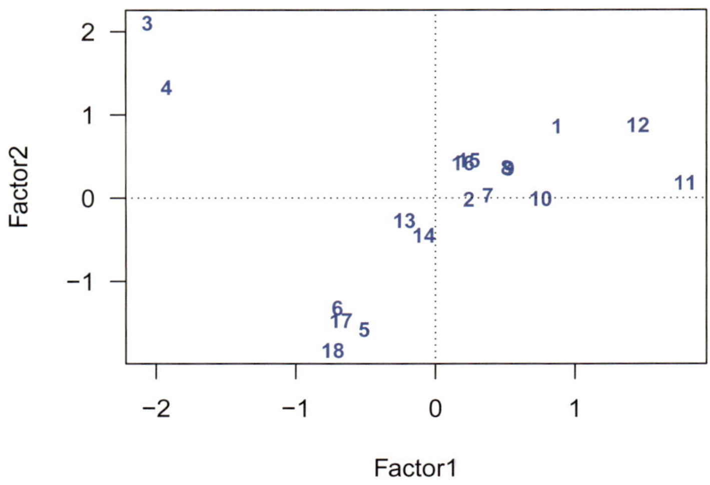

Figura 7.1. Dispersão dos escores dos dois primeiros fatores comuns para os dados de dezoito frutos de pimenteiras.

Observe que os frutos 3 e 4 estão localizados bem à esquerda do eixo do fator 1. Isso quer dizer que esses frutos são os que possuem menores tamanhos e, por outro lado, os maiores teores de brix e acidez. Verifique também que, de acordo com o fator 2, esses frutos têm baixo valor de CF.

Os frutos 11 e 12 são os maiores e, em contrapartida, os que apresentam menores teores de brix e acidez. Frutos localizados ao redor do ponto (0, 0) apresentam características intermediárias.

7.6. Rotação dos fatores

A interpretação dos fatores comuns é feita de forma semelhante à dos componentes principais. Assim, a importância de uma variável resposta sobre um fator comum é dada pela carga l dessa variável no fator em questão. Nesse contexto, a fim de encontrar fatores mais facilmente interpretáveis, recorremos à técnica de rotação de fatores. Entretanto, a rotação nem sempre traz melhora evidente na interpretação dos fatores.

Grosseiramente falando, a rotação é feita com a finalidade de evidenciar as variáveis mais importantes pelo aumento das suas cargas (positiva ou negativamente), e as menos importantes pela diminuição das suas cargas, tornando-as próximas de zero.

Dois tipos de rotação podem ser realizadas: ortogonal ou oblíqua. A primeira é um pouco mais usual e tem a propriedade de manter os fatores rotacionados não correlacionados; a segunda, não. Dentre os métodos de rotação ortogonal, destaca-se a rotação varimax (Kaiser, 1958). Este método consiste basicamente em utilizar uma matriz $\mathbf{T}$ $(m \times m)$ ortonormal[1] que maximize a variação dos quadrados das cargas dos fatores na matriz $\mathbf{L}$, de tal forma que

$$\tilde{\mathbf{L}} = \hat{\mathbf{L}}\mathbf{T}$$

seja a matriz de cargas dos fatores rotacionados.

Perceba que aqui, na análise do exemplo, não fizemos nenhuma rotação de fatores (argumento `rotation`). Não obstante, uma rotação varimax pode ser realizada com os seguintes comandos:

```
R> fac.rot <- update(fac, rotation = "varimax")
R> fac.rot

Call:
factanal(x = pimentas, factors = 2, scores = "Bartlett",
 rotation = "varimax")

Uniquenesses:
  PMF     CF   MADF   MEDF     EP   BRIX ACIDEZ
0.066  0.190  0.034  0.056  0.674  0.037  0.145

Loadings:
```

[1]Matriz ortogonal cujos vetores constituintes têm comprimento unitário. Tem-se que $\mathbf{T}\mathbf{T}^T = \mathbf{T}^T\mathbf{T} = \mathbf{I}$.

```
        Factor1 Factor2
PMF      0.960  -0.115
CF      -0.101  -0.894
MADF     0.982
MEDF     0.949   0.209
EP       0.570
BRIX    -0.854   0.483
ACIDEZ -0.716    0.585

               Factor1 Factor2
SS loadings      4.363   1.436
Proportion Var   0.623   0.205
Cumulative Var   0.623   0.828

Test of the hypothesis that 2 factors are sufficient.
The chi square statistic is 15.84 on 8 degrees of
freedom.
The p-value is 0.0447
```

Note que as especificidades não mudaram com a rotação dos fatores, apenas as cargas foram alteradas.

7.7. Exercício

Com os dados 'UScereal' do pacote **MASS** (Venables & Ripley, 2002), realize uma análise de fatores para as variáveis: `calories`, `protein`, `fat`, `sodium`, `fibre`, `carbo`, `sugars` e `potassium`. Se necessário, utilize a rotação varimax para interpretação dos fatores.

7.8. Outras implementações

O pacote **psych** (Revelle, 2013) oferece uma alterantiva bastante completa para a realização de análise de fatores, bem como o pacote **FAiR** (Goodrich, 2014).

7.9. Bibliografia

Bartlett, M. S. (1937) The statistical conception of mental factors. **British Journal of Psychology**, 28:97-104.

Bartlett, M. S. (1938) Methods of estimating mental factors. **Nature**, 141:609-610.

Ferreira, D. F. (2011) **Estatística multivariada**. 2. ed. Lavras: Editora UFLA.

Goodrich, B. (2014) **FAiR**: Factor analysis in R. R package version 0.4-15. Disponível em: `http://CRAN.R-project.org/package=FAiR`

Kaiser, H. F. (1958) The varimax criterion for analytic rotation in factor analysis. **Psychometrika**, 23:187-200.

Manly, B. F. J. (2008) **Métodos estatísticos multivariados:** uma introdução (Tradução Sara I. Carmona). 3. ed. Porto Alegre: Bookman.

Mingoti, S. A. (2005) **Análise de dados através de métodos de estatística multivariada**: um aabordagem aplicada. Belo Horizonte: Editora UFMG.

Rencher, A. (2002) **Methods of multivariate analysis**. 2. ed. New York: John Wiley & Sons.

Revelle, W. (2013) **psych**: Procedures for personality and psychological research, Northwestern University, Evanston, Illinois, USA. Disponível em:

http://CRAN.R-project.org/package=psych

Venables, W. N.; Ripley, B. D. (2002) **Modern applied statistics with S**. 4. ed. New York: Springer. ISBN 0-387-95457-0.

Capítulo 8

Análise de variância multivariada

8.1. Introdução

Dados de uma variável resposta obtidos de experimento são frequentemente submetidos à análise de variância (univariada), de acordo com um modelo estatístico específico. Nesse caso, o teste F é aplicado para verificar diferenças entre médias de tratamentos.

Quando há mais de uma variável resposta, o método geral de análise é a MANOVA, análise de variância multivariada, em que não apenas médias, mas vetores de médias são comparados, isto é, as variáveis resposta são analisadas simultaneamente, levando ainda em consideração as relações existentes entre elas.

Nesta seção, estudaremos a MANOVA e, sempre que possível, faremos comparações e analogias com o caso univariado.

8.2. Um pouco de teoria

Considere p variáveis resposta, estudadas de acordo com o seguinte modelo estatístico:

$$\mathbf{y}_{ij} = \boldsymbol{\mu} + \boldsymbol{\tau}_i + \boldsymbol{\epsilon}_{ij}$$

em que $\mathbf{y}_{ij}$ é um vetor p-dimensional de observações feitas na j-ésima repetição do i-ésimo tratamento, $\boldsymbol{\mu}$ é um vetor p-dimensional de médias populacionais, $\boldsymbol{\tau}_i$ é um vetor p-dimensional de efeitos de tratamentos e $\boldsymbol{\epsilon}_{ij}$ é um vetor p-dimensional de erros aleatórios.

As exigências do modelo são semelhantes àquelas feitas no caso univariado:

- aditividade dos termos do modelo
- independência dos vetores $\boldsymbol{\epsilon}_{ij}$
- $\boldsymbol{\epsilon}_{ij} \sim N_p(\mathbf{0}, \boldsymbol{\Sigma})$
- homogeneidade de matrizes de covariância residuais para tratamentos

No caso univariado, uma decomposição da soma de quadrados total é feita. No caso multivariado, o procedimento é análogo, com a diferença de que a variabilidade dos dados é computada e decomposta em matrizes de somas de quadrados e produtos cruzados. Assim, tem-se:

$$\mathbf{T} = \mathbf{B} + \mathbf{W}$$

em que $\mathbf{T}$, $\mathbf{B}$ e $\mathbf{W}$ são, respectivamente, a matriz de somas de quadrados e produtos cruzados total, de tratamentos (*between*) e de resíduos (*within*). Essas matrizes podem ser calculadas da seguinte forma:

$$\begin{aligned}
\mathbf{T} &= \textstyle\sum_{i=1}^{I}\sum_{j=1}^{n_i}(\mathbf{y}_{ij} - \bar{\mathbf{y}}_{..})(\mathbf{y}_{ij} - \bar{\mathbf{y}}_{..})^T \\
\mathbf{B} &= \textstyle\sum_{i=1}^{I} n_i(\bar{\mathbf{y}}_{i.} - \bar{\mathbf{y}}_{..})(\bar{\mathbf{y}}_{i.} - \bar{\mathbf{y}}_{..})^T \\
\mathbf{W} &= \mathbf{T} - \mathbf{B}
\end{aligned}$$

A Tabela 8.1 de MANOVA pode ser construída:

Tabela 8.1. Tabela one-way MANOVA.

FV	GL	Matriz SQPC
Tratamentos	$I-1$	$\mathbf{B}$
Resíduo	$n-I$	$\mathbf{W}$
Total	$n-1$	$\mathbf{T}$

$n = \sum_{i=1}^{I} n_i$

A hipótese a ser verificada aqui é a de não efeito dos tratamentos, isto é:

$$H_0 : \boldsymbol{\tau}_1 = \boldsymbol{\tau}_2 = ... = \boldsymbol{\tau}_I = \mathbf{0}$$

que também pode ser escrita da seguinte forma:

$$H_0 : \boldsymbol{\mu}_1 = \boldsymbol{\mu}_2 = ... = \boldsymbol{\mu}_I$$

ou seja, a hipótese de que não há diferenças entre os verdadeiros **vetores de médias** de tratamentos. A hipótese alternativa (H_1) é de que ao menos um dos vetores de médias difere dos demais.

Essas hipóteses são análogas àquelas formuladas e avaliadas com o teste F. Entretanto, no caso multivariado, quatro estatísticas de teste são comumente usadas, todas baseadas nos autovalores da matriz $\mathbf{W}^{-1}\mathbf{B}$, $\lambda_1 > \lambda_2 > ... > \lambda_m$, sendo $m = \min(p, I-1)$. São elas:

- lambda de Wilks

  $$\Lambda = \frac{|\mathbf{W}|}{|\mathbf{W}+\mathbf{B}|} = \prod_{j=1}^{m} \frac{1}{1+\lambda_j}$$

  sendo que $|\cdot|$ indica determinante da matriz.

- maior raiz de Roy

$$\lambda_1$$

- traço de Pillai

$$V = tr[(\mathbf{W}+\mathbf{B})^{-1}\mathbf{B}] = \sum_{j=1}^{m} \frac{\lambda_j}{1+\lambda_j}$$

  sendo que $tr(\cdot)$ indica a função traço.

- traço de Hotelling-Lawley

$$U = tr(\mathbf{W}^{-1}\mathbf{B}) = \sum_{j=1}^{m} \lambda_j$$

Para todas as quatro estatísticas de teste, aproximações à distribuição F ou χ^2 são realizadas[1]. Ademais, todas elas são construídas seguindo as exigências do modelo e é esperado que elas apresentem valores-p semelhantes, de modo que não há real necessidade de se escolher uma delas.

8.3. Exemplo

Nesta seção usaremos o conjunto de dados chamado 'iris', do pacote **datasets**. Execute `help(iris)` para verificar a descrição dos dados.

No R, a MANOVA pode ser realizada da seguinte forma:

```
R> data(iris)
R> fit <- manova(cbind(Sepal.Length, Sepal.Width,
+    Petal.Length, Petal.Width) ~ Species, data = iris)
R> fit
Call:
   manova(cbind(Sepal.Length, Sepal.Width,
   Petal.Length, Petal.Width) ~ Species, data = iris)
```

[1]Para mais detalhes, consulte Krzanowski (2000).

```
 Terms:
          Species Residuals
 resp 1           63.2121   38.9562
 resp 2           11.3449   16.9620
 resp 3          437.1028   27.2226
 resp 4           80.4133    6.1566
 Deg. of Freedom        2       147

Residual standard error: 0.51478 0.33968 0.43033 0.20465
Estimated effects may be unbalanced

 # tabela da MANOVA
 R> summary(fit, test = 'Pillai')
           Df Pillai approx F num Df den Df    Pr(>F)
 Species    2 1.1919   53.466      8    290 < 2.2e-16 ***
 Residuals 147
 ---
 Signif. codes:  0 '***' 0.001 '**' 0.01 '*' 0.05
                  '.' 0.1 ' ' 1
```

Podemos ainda verificar as análises univariadas usando o comando `summary.aov(fit)`.

Dizemos então que pelo menos um dos vetores de médias de tratamentos difere ($p < 0.001$) dos demais. Então, quais são ou onde estão essas diferenças?

8.4. Contrastes multivariados

Quando da rejeição de H_0 na situação em que mais de dois tratamentos estão sendo comparados, testes post-hoc são úteis para classificar os tratamentos em termos de seus vetores de médias.

No caso univariado, contrastes ortogonais de interesse são comumente construídos, esgotando os graus de liberdade e soma de quadrados de tratamentos, cada um com um grau de liberdade.

No caso multivariado, um procedimento análogo é factível, considerando as matrizes de somas de quadrados e produtos cruzados. Por exemplo, para três tratamentos, cada um com r repetições, os seguintes contrastes ortogonais entre vetores de médias podem ser formados:

$$\begin{aligned} \mathbf{C}_1 &= 2\boldsymbol{\mu}_1 - \boldsymbol{\mu}_2 - \boldsymbol{\mu}_3 \\ \mathbf{C}_2 &= \boldsymbol{\mu}_2 - \boldsymbol{\mu}_3 \end{aligned}$$

Considere ainda que $p = 2$ variáveis resposta, digamos X e Y, estão sendo analisadas. Então, tem-se:

$$\mathbf{B} = \begin{bmatrix} SQtrat(X) & SPCtrat(X,Y) \\ SPCtrat(X,Y) & SQtrat(Y) \end{bmatrix}$$

que pode ser desdobrada em termos das matrizes de contrastes ortogonais, isto é:

$$\mathbf{B} = \mathbf{B}_{C1} + \mathbf{B}_{C2}$$

A Tabela 8.2 da manova fica da seguinte forma:

Tabela 8.2. One-way MANOVA com desdobramento em contrastes ortogonais.

FV	GL	Matriz SQPC
Tratamentos	2	$\mathbf{B}$
C_1	1	$\mathbf{B}_{C1}$
C_2	1	$\mathbf{B}_{C2}$
Resíduo	$n-3$	$\mathbf{W}$
Total	$n-1$	$\mathbf{T}$

E assim os contrastes podem ser testados usando as mesmas quatro estatísticas utilizadas para avaliar a significância de tratamentos.

Por exemplo: com base no modelo ajustado anteriormente, podemos testar C_1 e C_2 já definidos. Para isso, precisamos carregar o pacote **car** (Fox & Weisberg, 2011) e então executar os seguintes comandos:

```
# definindo uma matriz de contrastes ortogonais
R> CO <- cbind(c(2, -1, -1),
+              c(0, 1, -1))
R> CO
     [,1] [,2]
[1,]    2    0
[2,]   -1    1
[3,]   -1   -1
```

```
# especificando CO no modelo ajustado
R> fit2 <- update(fit, contrasts = list(Species = CO))

# observar as colunas da nova matriz do modelo
R> head(model.matrix(fit2))
  (Intercept) Species1 Species2
1           1        2        0
2           1        2        0
3           1        2        0
4           1        2        0
5           1        2        0
6           1        2        0

# teste do contraste 1
R> library(car)
R> linearHypothesis(fit2, "Species1", test = "Pillai")

Sum of squares and products for the hypothesis:
             Sepal.Length Sepal.Width Petal.Length
Sepal.Length     52.58453   -23.27787     144.1888
Sepal.Width     -23.27787    10.30453     -63.8288
Petal.Length    144.18880   -63.82880     395.3712
Petal.Width      59.86933   -26.50267     164.1640
```

```
             Petal.Width
Sepal.Length    59.86933
Sepal.Width    -26.50267
Petal.Length   164.16400
Petal.Width     68.16333

Sum of squares and products for error:
             Sepal.Length Sepal.Width Petal.Length
Sepal.Length      38.9562     13.6300      24.6246
Sepal.Width       13.6300     16.9620       8.1208
Petal.Length      24.6246      8.1208      27.2226
Petal.Width        5.6450      4.8084       6.2718
             Petal.Width
Sepal.Length      5.6450
Sepal.Width       4.8084
Petal.Length      6.2718
Petal.Width       6.1566

Multivariate Test:
       Df test stat approx F num Df den Df     Pr(>F)
Pillai  1 0.9672689 1063.871      4    144 < 2.22e-16 ***
---
Signif. codes:  0 ‘***’ 0.001 ‘**’ 0.01 ‘*’ 0.05
                 ‘.’ 0.1 ‘ ’ 1

# teste do contraste 2
R> linearHypothesis(fit2, "Species2", test = "Pillai")

Sum of squares and products for the hypothesis:
             Sepal.Length Sepal.Width Petal.Length
Sepal.Length      10.6276      3.3252      21.0596
Sepal.Width        3.3252      1.0404       6.5892
Petal.Length      21.0596      6.5892      41.7316
Petal.Width       11.4100      3.5700      22.6100
             Petal.Width
Sepal.Length       11.41
Sepal.Width         3.57
```

```
Petal.Length          22.61
Petal.Width           12.25

Sum of squares and products for error:
             Sepal.Length Sepal.Width Petal.Length
Sepal.Length      38.9562     13.6300      24.6246
Sepal.Width       13.6300     16.9620       8.1208
Petal.Length      24.6246      8.1208      27.2226
Petal.Width        5.6450      4.8084       6.2718
             Petal.Width
Sepal.Length      5.6450
Sepal.Width       4.8084
Petal.Length      6.2718
Petal.Width       6.1566

Multivariate Test:
       Df test stat approx F num Df den Df     Pr(>F)
Pillai  1 0.7452457 105.3127      4    144 < 2.22e-16 ***
---
Signif. codes:  0 '***' 0.001 '**' 0.01 '*' 0.05
                '.' 0.1 ' ' 1
```

Concluímos então que tanto C_1 quanto C_2 são significativos ($p < 0.001$). Logo, o vetor de médias da espécie 'setosa' difere do vetor de médias do grupo 'versicolor, virginica'; e os vetores de médias destas duas últimas também diferem entre si.

Desafio

Com base no último modelo ajustado (`fit2`), mostre que:

$$\mathbf{B}_{Species} = \mathbf{B}_{C1} + \mathbf{B}_{C2}$$

Para isso, crie um objeto que receberá um valor lógico. *Dica*: use a função `all.equal()` ou `all()`.

8.5. Variável discriminante canônica

Dada uma MANOVA para p variáveis resposta, $Y_1, Y_2, ..., Y_p$, uma função discriminante canônica ou simplesmente variável canônica (VC) pode ser determinada por combinação linear das variáveis originais, na forma:

$$VC = a_1Y_1 + a_2Y_2 + ... + a_pY_p$$

Sendo VC aplicada a cada uma das observações multivariadas do experimento, ela nos fornece informações sobre todas as variáveis resposta simultaneamente, de forma univariada. Para tal, VC deve ser obtida de forma que o teste F para tratamentos seja o maior possível.

A determinação dos coeficientes 'a' é, novamente, um problema de autovalores, semelhante àquele visto na determinação de componentes principais, com a seguinte diferença: autovalores e autovetores não são obtidos a partir de uma matriz de correlação ou covariância, mas sim a partir da matriz $\mathbf{W}^{-1}\mathbf{B}$, obtida da MANOVA. Então, tem-se que a solução de

$$(\mathbf{W}^{-1}\mathbf{B} - \lambda\mathbf{I})\mathbf{a} = \mathbf{0}$$

produz $VC_1, VC_2, ..., VC_k$, em que $k = min(p, I - 1)$. Entretanto, é sabido que VC_1 é a que possui o maior poder de discriminação dos tratamentos[2]. Assim, se essa variável canônica reter uma parte considerável da variação de tratamentos, uma ANOVA pode ser realizada com os seus escores e, consequentemente, testes de comparações múltiplas, tais como o teste de Tukey, podem também ser utilizados para classificação multivariada dos tratamentos.

---

[2] A proporção da variação contida numa variável canônica pode ser calculada de forma idêntica àquela vista em componentes principais, isto é: $\lambda_j / \sum_j \lambda_j$.

No R, usando o modelo ajustado anteriormente (`fit`), podemos fazer:

```
R> B <- summary(fit)$SS$Species
R> W <- summary(fit)$SS$Residuals
R> eig <- eigen(solve(W, B))

# Calculando VC escalonadas
R> vc <- scale(as.matrix(iris[, -5]) %*%
+       eig$vectors[, 1:2],
+       center = TRUE, scale = FALSE)

# Anova com VC1
R> can1.aov <- aov(vc[, 1] ~ Species, data = iris)
R> anova(can1.aov)
Analysis of Variance Table

Response: vc[, 1]
           Df  Sum Sq Mean Sq F value    Pr(>F)
Species     2 299.763 149.882  2366.1 < 2.2e-16 ***
Residuals 147   9.312   0.063
---
Signif. codes:  0 ‘***’ 0.001 ‘**’ 0.01 ‘*’ 0.05
                ‘.’ 0.1 ‘ ’ 1

# Teste Tukey com VC1
R> TukeyHSD(can1.aov, "Species")
  Tukey multiple comparisons of means
   95% family-wise confidence level

Fit: aov(formula = vc[, 1] ~ Species, data = iris)


$Species
                         diff        lwr       upr p adj
```

```
versicolor-setosa    2.374055 2.254872 2.49323    0
virginica-setosa     3.370098 3.250916 3.48928    0
virginica-versicolor 0.996043 0.876860 1.11522    0
```

Observa-se que o valor-p obtido com a ANOVA é bastante semelhante àquele obtido via MANOVA. Isso porque a VC_1 foi responsável por quase toda a variabilidade contida nos tratamentos.

Pelo teste de Tukey, observa-se que todos os vetores de médias diferem entre si ($p < 0,001$).

A partir dos escores das variáveis canônicas (objeto `vc`), o seguinte gráfico de dispersão (Figura 8.1) pode ser útil para verificação das diferenças entre espécies.

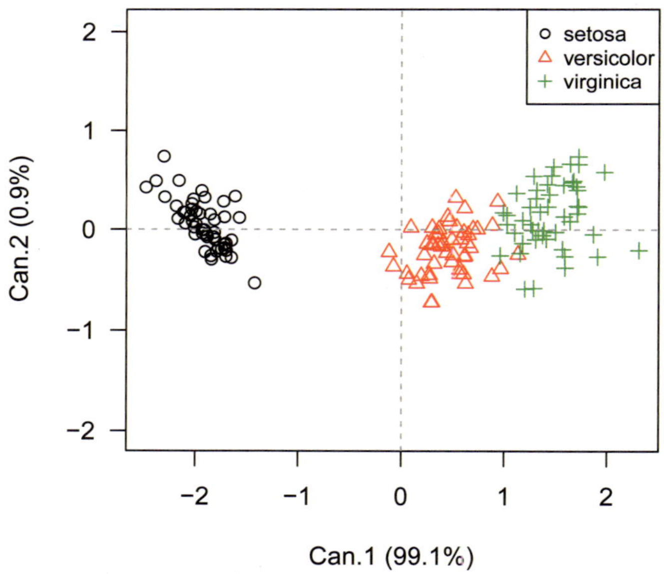

Figura 8.1. Dispersão dos escores das duas primeiras variáveis discriminantes canônicas obtidas via MANOVA dos dados 'iris'.

Observe que, como escalonamos as variáveis canônicas para terem média zero, então podemos descrever as características de cada observação de acordo com a sua localização no plano bidimensional. Para isso, precisamos analisar as cargas (*loadings*) das variáveis originais em cada variável canônica. As cargas correspondem às correlações das observações de cada variável com os escores das variáveis canônicas.

```
R> cargas <- cor(cbind(vc, iris[, -5]))[1:2, -c(1:2)]
R> cargas
  Sepal.Length Sepal.Width Petal.Length Petal.Width
1    0.7918878  -0.5307590   0.98495127   0.9728120
2    0.2175931   0.7579893   0.04603709   0.2229024
```

Com isso, percebemos que VC_1 reflete um contraste entre as variáveis *Sepal.Length*, *Petal.Length*, *Petal.Width* e *Sepal.Width*. Logo, como as observações da espécie setosa estão à esquerda do eixo Can.1, dizemos que elas apresentam os maiores valores para *Sepal.Width* e os menores para as demais variáveis. A espécie virginica tem comportamento oposto, assim como a versicolor, embora esta apresente valores intermediários.

Nota

Alguns pacotes computacionais aceitam apenas matrizes simétricas nos algoritmos de decomposição espectral. Contudo, pode ser mostrado que os autovalores da matriz não simétrica $\mathbf{W}^{-1}\mathbf{B}$ são os mesmos da matriz simétrica $(\mathbf{U}^{-1})^T\mathbf{B}\mathbf{U}^{-1}$, sendo $\mathbf{W} = \mathbf{U}^T\mathbf{U}$ a decomposição de Choleski.[3]. Entretanto, os autovetores não são os mesmos, precisando ser ajustados da seguinte forma: seja $\mathbf{b}$ um autovetor de $(\mathbf{U}^{-1})^T\mathbf{B}\mathbf{U}^{-1}$, então $\mathbf{a} = \mathbf{U}^{-1}\mathbf{b}$ é um autovetor de $\mathbf{W}^{-1}\mathbf{B}$. Usaremos esta abordagem no próximo capítulo, para calcular a matriz de covariâncias das variáveis canônicas.

[3] A decomposição recebe o nome do seu criador, André-Louis Choleski. A matriz triangular superior $\mathbf{U}$ é conhecida como o triângulo de Choleski. Uma variante dessa decomposição é a forma $\mathbf{W} = \mathbf{L}\mathbf{L}^T$, em que $\mathbf{L}$ é triangular inferior. Para mais detalhes, consulte Golub & Loan (1996).

Desafio

A partir da Figura 8.1, construa um *biplot* adicionando ao gráfico as cargas das variáveis em cada eixo canônico. Faça ajustes de escala, se necessário. *Dica*: use a função `arrows()`.

8.6. Exercício

Carregue os dados com o nome 'Wolves', disponíveis no pacote **candisc**. Trata-se de dados de onze variáveis morfométricas de crânios de lobos machos e fêmeas de dois locais. Considere o fator `group` como sendo a combinação de sexo e local, e então:

1. realize a MANOVA;

2. determine variáveis discriminantes canônicas para `group` e calcule a proporção da variância retida em cada uma;

3. caso o autovalor da VC1 represente mais de 60% do total, aplique o teste de Tukey ($\alpha = 0.05$) para comparar, indiretamente, vetores de médias de `group` a partir dos escores de VC1;

4. realize outra MANOVA, agora considerando não o fator `group`, mas os fatores `location` e `sex`, bem como a interação entre eles; peça o teste do Lambda de Wilks.

8.7. Outras implementações

O pacote **candisc** (Friendly & Fox, 2013) apresenta uma implementação para determinação de variáveis discriminantes canônicas via MANOVA.

8.8. Bibliografia

Ferreira, D. F. (2011) **Estatística multivariada**. 2. ed. Lavras: Editora UFLA.

Fox, J.; Weisberg, S. (2011) **An {R} Companion to applied regression**. 2. ed. Thousand Oaks CA: Sage. URL: `http://socserv.socsci.mcmaster.ca/jfox/Books/Companion`

Friendly, M.; Fox, J. (2013) **candisc**: Visualizing generalized canonical discriminant and canonical correlation analysis. R package version 0.6-5. Disponível em: `http://CRAN.R-project.org/package=candisc`

Golub, G.H. & Loan, C.F.V. (1996) *Matrix computations.* 3ª ed. The Johns Hopkins University Press.

Johnson, R. A.; Wichern, D. W. (2007) **Applied multivariate statistical analysis**. 6. ed. New Jersey: Pearson.

Krzanowski, W. J. (2000) **Principles of multivariate analysis:** a user's perspective. Oxford: Oxford University Press.

Manly, B. F. J. (2008) **Métodos estatísticos multivariados**: uma introdução (Tradução Sara I. Carmona). 3. ed. Porto Alegre: Bookman.

Rencher, A. (2002) **Methods of multivariate analysis**. 2. ed. New York: John Wiley & Sons.

Capítulo 9

Elipses de confiança

9.1. Introdução

Elipses de confiança são extensões bivariadas de intervalos de confiança. Por exemplo, considere duas variáveis aleatórias X_1 e X_2 normais e independentes para as quais se deseja construir intervalos de $100\gamma\%$ de confiança para suas respectivas médias populacionais, μ_1 e μ_2. Podemos então definir os intervalos:

$$\bar{x}_j \pm t_{\gamma,n-1}\frac{s_j}{\sqrt{n}}, \qquad j = 1, 2$$

Um problema que pode surgir nessa metodologia é o nível de confiança conjunto ser inferior ao nominal de $100\gamma\%$. Entretanto, isso pode ser contornado por meio de ajustes simples nos níveis de confiança individuais e, para tal, há vários métodos de proteção do nível de confiança. O fato é que esse procedimento pressupõe que X_1 e X_2 não são correlacionadas, o que dificilmente acontece com dados reais. Nesses casos, elipses de confiança são uma forma de associar uma região de confiança para dois parâmetros.

9.2. Construindo elipses

A construção de uma elipse envolve criar pares de valores de duas variáveis, x e y, dispondo-os no sistema cartesiano. Resumidamente, essas variáveis são obtidas a partir das seguintes equações:

$$\begin{aligned} x &= \mu_x + \sigma_x\sqrt{c}\ \cos(a) \\ y &= \mu_y + \sigma_y\sqrt{c}\ \cos[a - \arccos(\rho)] \end{aligned}$$

em que μ_x e μ_y representam o centro das variáveis x e y, σ_x e σ_y representam parâmetros de escala (desvios padrão, em geral), c é uma constante que delimita a extensão da elipse, a é uma variável necessariamente angular ($0 \leq a \leq 2\pi$) e ρ é o coeficiente de correlação entre x e y, que define a direção da elipse.

Perceba que essas equações são provenientes de coordenadas de um círculo unitário, definidas por: $x = \cos(a)$ e $y = \sin(a) = \cos[a - \arccos(\rho = 0)]$, como mostrado na Figura 9.1.

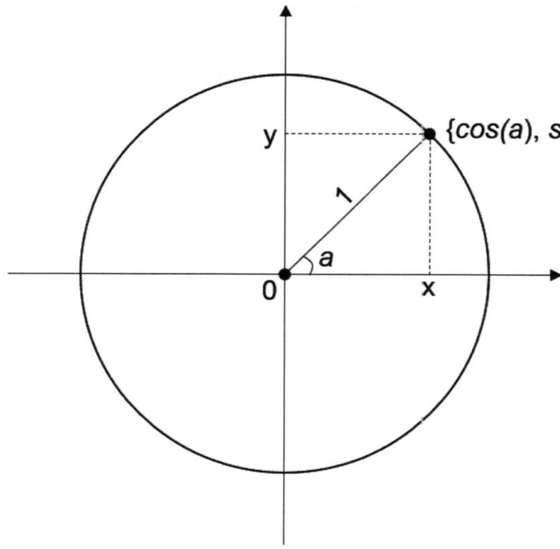

Figura 9.1. Círculo trigonométrico de raio unitário

9.3. Inserindo um nível de confiança

O nível de confiança de que uma elipse contenha um dado ponto aleatório é determinada pela distribuição qui-quadrado com dois graus de liberdade. Assim, uma elipse de $100\gamma\%$ de confiança é construída tomando $c = \chi^2_{\gamma,2}$. Então, isso implica admitir que x e y têm distribuição normal bivariada. Lembre que contornos de uma densidade normal bivariada são elipsoides, o que é definido pelo núcleo da densidade normal:

$$(\mathbf{x} - \boldsymbol{\mu})^T \boldsymbol{\Sigma}^{-1} (\mathbf{x} - \boldsymbol{\mu}) = constante$$

É sabido que sob a condição $\mathbf{x} \sim N_2(\mathbf{0}, \mathbf{I})$, então a constante antes definida reduz-se a $\mathbf{x}^T\mathbf{x} \sim \chi^2_2$. Embora essa definição seja mais usual, outras formas de determinação da constante c podem ser utilizadas, como, por exemplo, pela distribuição F.

9.4. Exemplo 1: caso bivariado

Vamos utilizar os dados com o nome 'pressure' do pacote **datasets**. São dezenove observações de duas variáveis: temperatura ($°C$) e pressão de vapor de mercúrio ($mmHg$).

Para construir uma elipse de 95% de confiança para o vetor de médias populacionais dessas duas variáveis, usaremos a função `ellipse()` do pacote homônimo (Murdoch & Chow, 2013). Essa implementação usa o algoritmo anteriormente descrito. Assim, tudo que precisamos é da matriz de covariância (das médias) e do vetor de médias.

```
R> library(ellipse)
R> data(pressure)

R> n <- nrow(pressure)
R> n
[1] 19
```

```
# matriz de covariância das médias (cov/n)!
R> S <- cov(pressure) / n
R> S
            temperature pressure
temperature    666.6667 1008.280
pressure      1008.2799 2655.541

R> mu <- colMeans(pressure)
R> mu
temperature    pressure
    180.0000    124.3367

R> plot(ellipse(x = S, centre = mu, level = 0.95))
```

E então obtemos a Figura 9.2.

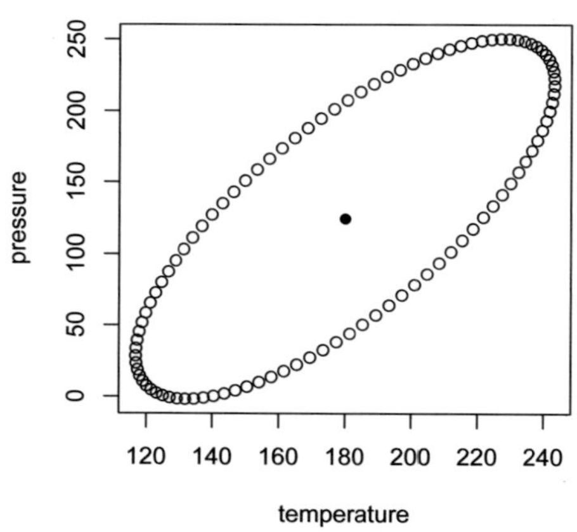

Figura 9.2. Elipse de 95% de confiança para o vetor de médias dos dados 'pressure'.

9.5. Exemplo 2: caso multivariado

Elipses de confiança podem ainda ser bastante úteis na comparação multivariada de tratamentos. Por exemplo, retornando ao modelo de MANOVA ajustado aos dados 'iris' no capítulo anterior, observamos que os vetores de médias do fator `Species` diferem ($\alpha = 0.05$). A partir daí, construímos variáveis discriminantes canônicas para comparação indireta das espécies. Seria bastante intuitivo então construir elipses de 95% de confiança para os vetores de médias dos tratamentos a partir das duas variáveis canônicas (objeto `vc`). Para isso, precisaremos da matriz de covariância e do vetor de médias das variáveis canônicas para cada espécie.

```
# 6 primeiras observações de vc
R> head(vc)
          [,1]       [,2]
[1,] -2.029033  0.0814175
[2,] -1.794183 -0.2131942
[3,] -1.885077 -0.0719223
[4,] -1.714780 -0.1817489
[5,] -2.046779  0.1394254
[6,] -1.938464  0.3961435

R> medias <- aggregate(vc ~ Species, FUN = mean,
+   data = iris)
R> medias
     Species         V1          V2
1     setosa -1.9147180  0.05830356
2 versicolor  0.4593374 -0.19726931
3  virginica  1.4553806  0.13896574
R> med.vc <- as.matrix(medias[, -1])
```

Uma vez que uma observação da variável canônica é dada por $VC_{ij} = \mathbf{a}^T\mathbf{y}_{ij}$, então a variância dessa variável canônica é:

$$\begin{aligned} Var(VC_{ij}) &= Var(\mathbf{a}^T\mathbf{Y}_{ij}) \\ &= \mathbf{a}^T Var(\boldsymbol{\mu} + \boldsymbol{\tau}_i + \boldsymbol{\epsilon}_{ij})\mathbf{a} \\ &= \mathbf{a}^T Var(\boldsymbol{\epsilon}_{ij})\mathbf{a} \\ &= \mathbf{a}^T\boldsymbol{\Sigma}\mathbf{a} \\ &= \mathbf{a}^T\mathbf{U}^T\mathbf{U}\mathbf{a} \qquad (Choleski) \\ &= \mathbf{I} \end{aligned}$$

sendo $\boldsymbol{\Sigma}$ a matriz de covariâncias residual. Assim, sendo as variáveis canônicas não correlacionadas, a matriz de covariância das médias das variáveis canônicas é obtida com os comandos a seguir, obtendo-se então a Figura 9.3:

```
# matriz de variâncias das médias (var/nrep)!
R> var.vc <- diag(2) / 50

# gráfico
R> plot(med.vc,
+   asp = 1, col = 1:3, pch = 1:3, lwd = 2,
+   xlab = "Can.1 (99.1%)", ylab = "Can.2 (0.9%)")
R> legend('topright', levels(iris$Species),
+   col = 1:3, pch = 1:3, cex = 0.8)
R> abline(h = 0, v = 0, lty = 2, col = "gray")

# elípse para cada espécie
R> lines(ellipse(x = var.vc, centre = med.vc[1, ]))
R> lines(ellipse(x = var.vc, centre = med.vc[2, ]),
+    col = "red")
R> lines(ellipse(x = var.vc, centre = med.vc[3, ]),
+    col = "green")
```

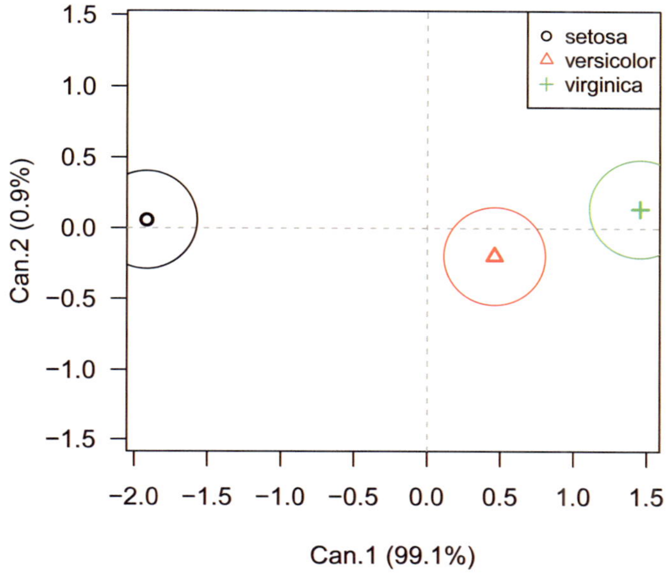

Figura 9.3. Elipses de 95% de confiança para vetores de médias de `Species` a partir dos escores das duas primeiras variáveis discriminantes canônicas obtidas via MANOVA dos dados 'iris'.

9.6. Exercício

Utilize os resultados obtidos no exercício do capítulo anterior (MANOVA dos dados 'Wolves', disponíveis no pacote **candisc** (Friendly & Fox, 2013) para construir elipses de 80, 95 e 99% de confiança para os vetores de médias do fator `group` com base nas duas primeiras variáveis discriminantes canônicas. Faça um gráfico de dispersão contendo apenas os valores das médias do fator e as respectivas elipses. Insira legendas tanto para indicar tratamentos como níveis de confiança.

9.7. Outras implementações

Também é possível construir elipses de confiança utilizando as funções `ellipse()`, `dataEllipse()` e `confidenceEllipse()` do pacote **car** (Fox & Weisberg, 2011).

9.8. Bibliografia

Alexandersson, A. (2004) Graphing confidence ellipses: An update of ellip for Stata 8. **The Stata Journal**, 4:242-256.

Fox, J.; Weisberg, S. (2011) **An {R} Companion to applied regression**. 2. ed. Thousand Oaks CA: Sage. URL: `http://socserv.socsci.mcmaster.ca/jfox/Books/Companion`

Friendly, M.; Fox, J. (2013) **candisc**: Visualizing generalized canonical discriminant and Canonical Correlation analysis. R package version 0.6-5. Disponível em: `http://CRAN.R-project.org/package=candisc`

Murdoch, D.; Chow, E. D. (2013) **ellipse**: Functions for drawing ellipses and ellipse-like confidence regions. R package version 0.3-8. Disponível em: `http://CRAN.R-project.org/package=ellipse`

Capítulo 10

Modelo multinomial log-linear

10.1. Introdução

A distribuição multinomial de probabilidades é uma generalização da distribuição binomial, permitindo modelar variáveis categóricas contendo mais de duas categorias em cada ensaio independente. As categorias, por outro lado, são correlacionadas, o que traz o apelo multivariado para a análise dos dados. Os dados são apresentados na forma de frequências (contagens) das categorias, que são mutuamente excludentes. São exemplos de variáveis que podem seguir o modelo multinomial: cor do fruto (verde, amarelo, vermelho, roxo), forma das folhas (deltoides, ovaladas, lanceoladas), arquitetura das plantas (prostradas, intermediárias, eretas).

Para introduzirmos uma aplicação do modelo multinomial log-linear, consideremos este exemplo de aplicação com pimenteiras: o valor estético e ornamental de pimenteiras do gênero *Capsicum* é em grande parte devido a coloração dos frutos, considerada a alta variabilidade dessa característica (Figura 10.1).

Considere um estudo experimental em que foi determinada a cor predominante dos frutos em estágio intermediário de matura-

Figura 10.1. Três variedades de pimenteiras do gênero Capsicum com potencial ornamental

ção de quatro famílias (G1-G4) de pimenteiras. Para cada família, foram tomadas três repetições, cada uma constituída de dez plantas, sendo o experimento conduzido em casa-de-vegetação. Foram encontrados frutos de cor Amarela, Vermelha e Roxa, conforme a matriz de contagens a seguir.

```
R> Y <- matrix(c(2, 7, 1, 1, 8, 1, 2, 5, 3,
                 8, 2, 0, 8, 1, 1, 6, 3, 1,
                 6, 4, 0, 8, 2, 0, 5, 4, 1,
                 1, 0, 9, 0, 2, 8, 0, 3, 7),
                 ncol = 3, byrow = TRUE)
R> colnames(Y) <- c("A", "V", "R")
R> familias <- rep(paste0("G", 1:4), each = 3)
R> dados <- data.frame(familias, Y)
R> dados
   familias A V R
1        G1 2 7 1
2        G1 1 8 1
3        G1 2 5 3
4        G2 8 2 0
5        G2 8 1 1
```

```
6        G2 6 3 1
7        G3 6 4 0
8        G3 8 2 0
9        G3 5 4 1
10       G4 1 0 9
11       G4 0 2 8
12       G4 0 3 7
```

Cada linha da tabela acima representa uma observação *trinomial*. Vejamos, das 10 plantas da primeira repetição de G1, 2 apresentaram frutos amarelos, 7 vermelhos e 1 roxo, sendo estas categorias mutuamente excludentes, isto é, um fruto não pode pertencer a mais de uma classe de cor. Se considerarmos que as doze observações são independentes, então podemos utilizar o modelo multinomial para descrever as probabilidades de ocorrência das cores.

Sendo $N = 10$ o número de plantas observadas para determinação da cor do fruto e π_k $(k = 1, 2, 3)$ a probabilidade de ocorrência de cada categoria de cor Y_k, então, pelo modelo multinomial

$$
\begin{aligned}
\mu_j &= N\pi_k \\
Var(Y_k) &= N\pi_k(1 - \pi_k) \\
Cov(Y_k, Y_k) &= N\pi_k\pi_{k'}, \quad k \neq k'
\end{aligned}
$$

Por exemplo, as médias $\hat{\mu}_k$ de ocorrência de cada cor são:

```
R> N <- 10
R> p <- colSums(Y)/sum(Y)        # probabilidades
R> p
        A         V         R
0.3916667 0.3416667 0.2666667
R> N * p                         # medias
       A        V        R
3.916667 3.416667 2.666667
```

Pode-se ainda fazer mais: podemos formular um modelo multinomial do tipo log-linear ou *logit* para estimar o efeito das famílias sobre a frequência das cores de fruto. Mas antes, vale um exame visual das proporções de cores por família (Figura 10.2). Há similaridades entre as famílias G2 e G3.

```
R> prop <- xtabs(Y ~ familias)
R> plot(prop, col = c("yellow", "red", "purple"))
```

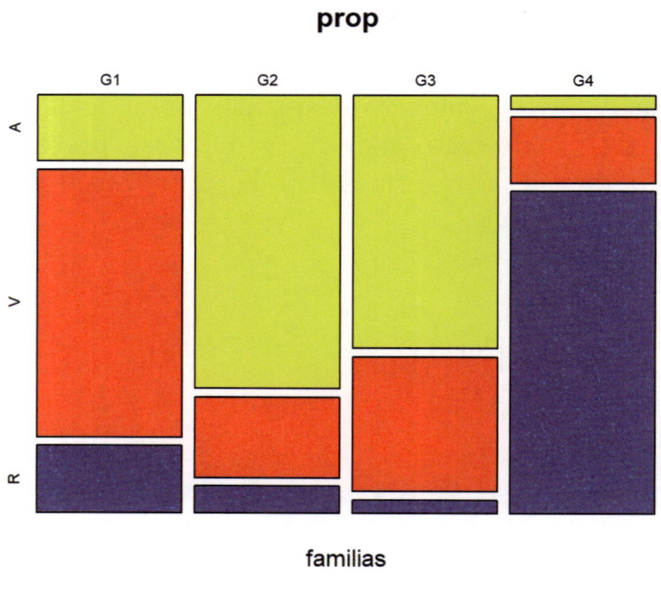

Figura 10.2. Proporções de cores (Roxo, Vermelho, Amarelo) de frutos de quatro famílias (G1-G4) de pimenteiras

10.2. Formulação do modelo

Pelo modelo linear, uma observação trinomial (vetor de comprimento $K = 3$) é descrita por

$$\mathsf{y}_{ij} = \mu_i + \epsilon_{ij}$$

em que $i = 1, 2, ..., 4$ (famílias), $j = 1, 2, 3$ (repetições). O problema então está em estimar os μ_i. Para isso, assumiremos que os efeitos das famílias é linear, mas não necessariamente estão relacionados de forma direta com μ_i, e sim através da função *logit*, que é apropriada para modelar proporções (probabilidades de ocorrência de cada cor).

$$logit(\mu_i) = \log(\mu_i \cdot ||\mu_i||_1^{-1}) = \mathsf{x}'_{ij}\beta$$

em que x_{ij} representa um vetor de incidência dos efeitos das famílias sobre a observação y_{ij}. Isso pode ser entendido como cada linha da matriz X do modelo:

```
R> X <- model.matrix( ~ familias, dados)
R> X
   (Intercept) familiasG2 familiasG3 familiasG4
1            1          0          0          0
2            1          0          0          0
3            1          0          0          0
4            1          1          0          0
5            1          1          0          0
6            1          1          0          0
7            1          0          1          0
8            1          0          1          0
9            1          0          1          0
10           1          0          0          1
11           1          0          0          1
12           1          0          0          1
attr(,"assign")
```

```
[1] 0 1 1 1
attr(,"contrasts")
attr(,"contrasts")$familias
[1] "contr.treatment"
```

Já β é uma matriz de dimensão $p \times (K-1)$ de parâmetros a serem estimados, sendo $p = 4$ (famílias). Note que cada observação trinomial possui *rank* $K - 1 = 2$, ou dois graus de liberdade, já que são dados de proporção. Nota: nas implementações do R, os coeficientes (parâmetros) referentes à primeira classe são automaticamente zerados. Esse procedimento é similar ao que ocorre com a matriz X. Dessa forma, a primeira categoria ($k = 1$, cor Amarela) é definida como categoria *base*, de modo que a função logit ganha sentido de log-*risco relativo* de ocorrência das demais categorias.

$$logit(\mu_i) = \begin{bmatrix} \log\left(\frac{P(Vermelha)}{P(Amarela)}\right) \\ \log\left(\frac{P(Roxa)}{P(Amarela)}\right) \end{bmatrix}' = \begin{bmatrix} \beta_{0V} + \beta_{iV} \\ \beta_{0R} + \beta_{iR} \end{bmatrix}'$$

em que β_{0V} e β_{0R} são as constantes ou interceptos associados às ocorrências médias de cores Vermelha e Roxa, respectivamente; enquanto β_{iV} e β_{iR} representam os efeitos de uma dada família i sobre a ocorrência das cores Vermelha e Roxa.

E tem-se:

$$\mu_i = \exp(\mathsf{x}'_{ij}\beta) \cdot ||\exp(\mathsf{x}'_{ij}\beta)||_1^{-1}$$

aqui representando a probabilidade associada a cada classe.

10.3. Estimação por verossimilhança

Pelo modelo multinomial, a probabilidade de obter uma determinada observação y_{ij}, dados os parâmetros μ_i e n_{ij} (total de cada observação ij), é

$$P(\mathsf{y}_{ij}|\mu_i, n_{ij}) = \frac{n_{ij}!}{\prod_{k=1}^{K} y_{ijk}!} \prod_{k=1}^{K} \mu_{ik}^{y_{ijk}}$$

Nota: μ_{ik} é o mesmo para todas as repetições j.

Agora, tomando $P(\mathsf{y}_{ij}|\mu_i, n_{ij})$ como $L(\mu_i|\mathsf{y}_{ij})$, a verossimilhança associada à observação y_{ij}, tem-se a seguinte log-verossimilhança:

$$\log L(\mu_i|\mathsf{y}_{ij}) = \log(n_{ij}!) - \sum_{k=1}^{K} \log(y_{ijk}!) + \sum_{k=1}^{K} y_{ijk} \log(\mu_{ik})$$

mas como apenas o último termo depende de parâmetro a ser estimado, então a função de log-verossimilhança do modelo fica:

$$\log L(\mu|\mathsf{Y}) \propto \sum_{i=1}^{I} \sum_{j=1}^{J} \sum_{k=1}^{K} y_{ijk} \log(\mu_{ik})$$

lembrando que μ é função de β.

Com o pacote (Venables; Ripley, 2022), obtém-se as estimativas $\hat{\beta}$:

```
R> library(nnet)
R> modelo <- multinom(Y ~ familias, dados)
# weights:  15 (8 variable)
initial  value 131.833475
iter  10 value 88.706145
final  value 88.704203
converged
R> modelo
Call:
multinom(formula = Y ~ familias, data = dados)

Coefficients:
    (Intercept) familiasG2 familiasG3 familiasG4
V  1.3860658306  -2.685372  -2.027941  0.2232172
R -0.0002491309  -2.397515  -2.943862  3.1781056
```

```
Residual Deviance: 177.4084
AIC: 193.4084
```

Risco relativo

Os *riscos relativos* são obtidos exponenciando os coeficientes $\hat{\beta}$, e são interpretados tomando como referência a categoria *base*, isto é, a cor Amarela. Então, faz sentido definir como ponto de corte, para interpretação, o valor 1.

Por exemplo, o risco da família G1 produzir frutos Vermelhos em vez de Amarelos é de $\exp(1.386) \approx 4$ vezes. Já o risco da família G2 produzir frutos Vermelhos em vez de Amarelos é baixo, de $\exp(1.386-2.685) \approx 0.27$ vezes. O risco da família G4 produzir frutos Roxos em vez de Amarelos é de $\exp(-0.000249+3.178) \approx$ 24 vezes, muito alto.

Probabilidades esperadas

Pelo modelo ajustado, as probabilidades esperadas em cada observação são:

```
R> predict(modelo, type = "prob")
            A         V          R
1  0.16669898 0.6666436 0.16665746
2  0.16669898 0.6666436 0.16665746
3  0.16669898 0.6666436 0.16665746
4  0.73333032 0.1999945 0.06667513
5  0.73333032 0.1999945 0.06667513
6  0.73333032 0.1999945 0.06667513
7  0.63333098 0.3333249 0.03334413
8  0.63333098 0.3333249 0.03334413
9  0.63333098 0.3333249 0.03334413
10 0.03333946 0.1666715 0.79998907
11 0.03333946 0.1666715 0.79998907
```

```
12 0.03333946 0.1666715 0.79998907
```

Por exemplo, a probabilidade esperada de frutos vermelhos na família G2 (linhas 4 a 6) vem de

$$logit(\hat{\mu}_{2V}) = \hat{\beta}_{0V} + \hat{\beta}_{2V}$$

e então:

$$\begin{aligned}
\hat{\mu}_{2V} &= \frac{\exp(\hat{\beta}_{0V} + \hat{\beta}_{2V})}{\exp(\hat{\beta}_{0A} + \hat{\beta}_{2A}) + \exp(\hat{\beta}_{0V} + \hat{\beta}_{2V}) + \exp(\hat{\beta}_{0R} + \hat{\beta}_{2R})} \\
&= \frac{\exp(1.386 - 2.685)}{\exp(0 + 0) + \exp(1.386 - 2.685) + \exp(-0.00024 - 2.397)} \\
&\approx 0.199
\end{aligned}$$

10.4. Teste da razão de verossimilhanças

O principal objetivo do estudo exemplificado é avaliar a hipótese de nulidade de que as famílias apresentam as mesmas proporções de classes de cor dos frutos, ou seja,

$$H_0 : \mu_1 = \mu_2 = \mu_3 = \mu_4$$

E isso pode ser respondido através de um TRV, cuja estatística é dada pela diferença da log-verossimilhança máxima (com $\mu(\hat{\beta})$) e sob H_0.

$$L_R = 2[\log L(\hat{\beta}) - \log L(\beta_{H_0})]$$

que é esperado ter, assintoticamente, distribuição qui-quadrado com ν graus de liberdade. Note: ν é a diferença de número de parâmetros em β e β_{H_0}. No exemplo, $\nu = 8 - 2 = 6$ graus de liberdade.

Precisamos então definir β_{H_0}. Faremos isso através da comparação de *modelos encaixados*, em que o modelo ajustado é comparado com o modelo *nulo*, sem os efeitos das famílias, contendo apenas os interceptos β_{0V} e β_{0R}.

```
R> modelo_nulo <- update(modelo, formula = ~ 1)
```

O TRV é obtido com a função anova():

```
R> anova(modelo_nulo, modelo)
     Model Resid. df Resid. Dev   Test    Df LR stat.
1        1        22   260.7641           NA       NA
2 familias        16   177.4084 1 vs 2     6 83.35573
       Pr(Chi)
1           NA
2 7.771561e-16
```

Conclui-se com $p < 0.01$ que a proporção de frutos das três cores não é a mesma nas quatro famílias.

10.5. Intervalos de confiança

Uma forma simples de avaliar diferenças específicas entre os grupos experimentais é por meio de intervalos de 95% de confiança para as estimativas $\hat{\beta}$ de cada categoria. Observe, por exemplo, como estão sobrepostos os ICs das famílias G2 e G3, sugerindo não haver diferenças ($p > 0.05$) entre elas.

```
R> confint(modelo)
, , V

                 2.5 %     97.5 %
(Intercept)  0.4061564  2.3659752
familiasG2  -4.0176991 -1.3530449
familiasG3  -3.2715493 -0.7843333
```

```
familiasG4  -2.1367076  2.5831421

, , R

                  2.5 %     97.5 %
(Intercept) -1.2397962  1.2392980
familiasG2  -4.3031844 -0.4918459
familiasG3  -5.3058266 -0.5818981
familiasG4   0.8249602  5.5312511
```

10.6. Grau de ajuste

O coeficiente de determinação (R^2) é uma medida amplamente utilizada para medir o grau de ajuste de modelos lineares clássicos. Mas não é apropriado para o modelo multinomial. Não obstante, uma alternativa é calcular uma medida análoga proposta por McFadden (1974):

$$\rho^2 = 1 - \frac{\log L(\hat{\beta})}{\log L(\beta_{H_0})}$$

```
> r2 = c(1 - logLik(modelo)/logLik(modelo_nulo))
> r2
[1] 0.3196595
```

Que também é interpretado como proporção [0, 1] da variação explicada.

10.7. Outra forma de especificação do modelo

A forma de declaração do modelo multinomial apresentada anteriormente não é a única. Outra opção é declarar a variável resposta na foma de `factor()` (no exemplo, com $K = 3$ níveis/categorias de cor), em vez da matriz de contagens em que cada coluna representa uma categoria. Essa abordagem permite realizar comparações múltiplas com implementações como a do pacote (Lenth, 2022).

Podemos fazer este exercício. Mas antes será preciso reorganizar a tabulação dos dados. Observe como ficam as seis primeiras linhas:

```
R> library(reshape2)
R> md <- melt(dados)
R> head(md)
  familias variable value
1       G1        A     2
2       G1        A     1
3       G1        A     2
4       G2        A     8
5       G2        A     8
6       G2        A     6
```

Em seguida, mais um passo é necessário - utilizar a terceira coluna para repetir os valores das categorias das outras duas colunas.

```
R> g <- as.factor(rep(md$familias, md$value))
R> y <- as.factor(rep(md$variable, md$value))
```

E agora, o ajuste do modelo. Observe como é idêntico ao ajustado da forma anterior.

```
R> modelo2 <- multinom(y ~ g)
R> modelo2
Call:
multinom(formula = y ~ g)

Coefficients:
    (Intercept)          gG2          gG3          gG4
```

```
V  1.3860658306 -2.685372 -2.027941 0.2232172
R -0.0002491309 -2.397515 -2.943862 3.1781056

Residual Deviance: 177.4084
AIC: 193.4084
```

Vejamos as probabilidades esperadas, juntamente com os erros padrão (SE) e respectivos limites dos intervalos de 95% de confiança:

```
R> library(emmeans)
R> medias <- emmeans(modelo2, ~ g|y)
R> medias
y = A:
 g    prob     SE df lower.CL upper.CL
 G1 0.1667 0.0680  8  0.00978    0.324
 G2 0.7333 0.0807  8  0.54715    0.920
 G3 0.6333 0.0880  8  0.43045    0.836
 G4 0.0333 0.0328  8 -0.04224    0.109

y = V:
 g    prob     SE df lower.CL upper.CL
 G1 0.6666 0.0861  8  0.46817    0.865
 G2 0.2000 0.0730  8  0.03159    0.368
 G3 0.3333 0.0861  8  0.13486    0.532
 G4 0.1667 0.0680  8  0.00977    0.324

y = R:
 g    prob     SE df lower.CL upper.CL
 G1 0.1667 0.0680  8  0.00976    0.324
 G2 0.0667 0.0455  8 -0.03835    0.172
 G3 0.0333 0.0328  8 -0.04224    0.109
 G4 0.8000 0.0730  8  0.63158    0.968

Confidence level used: 0.95
```

Por fim, comparações aos pares podem ser também executadas, observando-se, por exemplo, que as famílias G1 e G2 possuem proporções distintas ($p = 0.003$) de frutos amarelos.

```
R> pairs(medias)
y = A:
 contrast estimate     SE df t.ratio p.value
 G1 - G2   -0.5666 0.1056  8  -5.366  0.0030
 G1 - G3   -0.4666 0.1112  8  -4.195  0.0128
 G1 - G4    0.1334 0.0755  8   1.766  0.3542
 G2 - G3    0.1000 0.1194  8   0.837  0.8355
 G2 - G4    0.7000 0.0871  8   8.033  0.0002
 G3 - G4    0.6000 0.0939  8   6.390  0.0010

y = V:
 contrast estimate     SE df t.ratio p.value
 G1 - G2    0.4666 0.1129  8   4.134  0.0139
 G1 - G3    0.3333 0.1217  8   2.738  0.0962
 G1 - G4    0.5000 0.1097  8   4.557  0.0080
 G2 - G3   -0.1333 0.1129  8  -1.181  0.6542
 G2 - G4    0.0333 0.0998  8   0.334  0.9862
 G3 - G4    0.1667 0.1097  8   1.519  0.4703

y = R:
 contrast estimate     SE df t.ratio p.value
 G1 - G2    0.1000 0.0819  8   1.221  0.6318
 G1 - G3    0.1333 0.0755  8   1.765  0.3544
 G1 - G4   -0.6333 0.0998  8  -6.345  0.0010
 G2 - G3    0.0333 0.0561  8   0.594  0.9311
 G2 - G4   -0.7333 0.0861  8  -8.520  0.0001
 G3 - G4   -0.7666 0.0800  8  -9.577  0.0001

P value adjustment: tukey method for comparing
 a family of 4 estimates
```

10.8. Outras implementações

Outro pacote comumente utilizado para ajustar o modelo multinomial logístico é o **VGAM** (Yee, 2015). Já o TRV também pode ser realizado com o pacote **car** (Fox & Weisberg, 2011), função `Anova`.

10.9. Bibliografia

Fox, J.; Weisberg, S. (2011) **An {R} Companion to applied regression**. 2. ed. Thousand Oaks CA: Sage. URL: `http://socserv.socsci.mcmaster.ca/jfox/Books/Companion`

Lenth R (2022). **emmeans**: Estimated Marginal Means, aka Least-Squares Means. R package version 1.8.1-1. Disponível em: `https://CRAN.R-project.org/package=emmeans`

McFadden, D. (1973) **Conditional logit analysis of qualitative choice behavior**. Frontiers of Econometrics. New York: Academic Press.

Silva, A. R. (2023) **Estatística decodificada**. São Paulo: Blucher.

Venables, W. N., Ripley, B. D. (2002) **Modern Applied Statistics with S**. 4ª ed. New York: Springer.

Yee, T. W. (2015) **Vector Generalized Linear and Additive Models**: With an Implementation in R. New York: Springer.

Capítulo 11

Análise de correlação canônica

11.1. Introdução

Quando se deseja avaliar a existência e o grau de associação linear entre duas variáveis, a análise de correlação simples é o método mais usual. Quando se pretende analisar as correlações de uma variável com um grupo de duas ou mais variáveis, uma técnica adequada é a análise de trilha (*path analysis*). No entanto, quando o objetivo é analisar o grau de associação entre dois grupos de variáveis, a técnica multivariada de análise de correlação canônica deve ser considerada.

A ideia por trás da análise de correlação canônica é similar à de componentes principais, com a diferença de que aqui uma correlação é maximizada, ao invés de uma variância. Trata-se então da obtenção de variáveis canônicas, combinações lineares das variáveis originais. Em cada etapa do processo de cálculo, um par de variáveis canônicas é obtido. A correlação entre um par de variáveis canônicas é chamada correlação canônica, que mede o grau de associação linear existente entre dois grupos de variáveis resposta.

São exemplos de aplicação da análise de correlação canônica:

1. Num estudo de avaliação nutricional de plantas, pode ser de interesse saber se há alguma associação entre os nutrientes (variáveis) encontrados nas raízes (grupo 1) e na parte aérea da planta (grupo 2).

2. Pode ser de interesse verificar se variáveis químicas (grupo 1) de determinado tipo de fruto são correlacionadas com variáveis morfométricas (grupo 2).

3. Um biólogo pode estar interessado em saber se variáveis biométricas (grupo 1) de determinada espécie de peixe estão relacionadas a variáveis de qualidade da água (grupo 2).

4. Características sensoriais (grupo 1) de determinado alimento, após certo tempo de exposição ao ambiente, estão relacionadas a variáveis ambientais (grupo 2)?

5. Variáveis de consumo/durabilidade (grupo 1) de determinado veículo estão relacionadas com variáveis socioeconômicas (grupo 2) dos seus donos?

11.2. Procedimento

Sejam dois grupos de variáveis, X e Y, com p e q variáveis, respectivamente. Definimos o j-ésimo par de variáveis canônicas como sendo:

$$\begin{aligned} U_j &= a_{j1}X_1 + a_{j2}X_2 - ... + a_{jp}X_p \\ V_j &= b_{j1}Y_1 + b_{j2}Y_2 + ... + b_{jq}Y_q \end{aligned}$$

de modo que $cor(U_1, V_1) \geq cor(U_2, V_2) \geq ... \geq cor(U_k, V_k)$, sendo $k = \min(p, q)$.

A forma de obtenção dos coeficientes a e b é então um problema de autovalores e autovetores, a partir do sistema:

$$\begin{aligned}(\hat{\boldsymbol{\Sigma}}_{XY}\hat{\boldsymbol{\Sigma}}_{YY}^{-1}\hat{\boldsymbol{\Sigma}}_{YX} - \lambda_j\hat{\boldsymbol{\Sigma}}_{XX})\mathbf{a}_j &= \mathbf{0}\\ (\hat{\boldsymbol{\Sigma}}_{YX}\hat{\boldsymbol{\Sigma}}_{XX}^{-1}\hat{\boldsymbol{\Sigma}}_{XY} - \lambda_j\hat{\boldsymbol{\Sigma}}_{YY})\mathbf{b}_j &= \mathbf{0}\end{aligned}$$

em que $\hat{\boldsymbol{\Sigma}}_{XX}$ é a matriz de covariância ou de correlação entre variáveis X (grupo 1), $\hat{\boldsymbol{\Sigma}}_{YY}$ é a matriz de covariância ou de correlação entre variáveis Y (grupo 2), $\hat{\boldsymbol{\Sigma}}_{XY}$ é a matriz contendo apenas covariâncias ou correlações entre pares de variáveis X e Y.

A correlação entre o j-ésimo par de variáveis canônicas é um valor entre 0 e 1, tal que:

$$cor(U_j, V_j) = \sqrt{\lambda_j}, \qquad j = 1, 2, ..., k$$

11.3. Variáveis canônicas escalonadas

Ainda que a correlação não seja afetada por escalonamentos nas variáveis, a padronização destas, para terem média 0 e variância 1, é importante quando se deseja examinar as observações por meio dos escores das variáveis canônicas. Isso produz variáveis canônicas com variância unitária – $Var(U_j) = Var(V_j) = 1$. Além disso, a padronização modifica os valores dos coeficientes a e b. Assim, com a padronização, as unidades de medida das variáveis originais não influenciam sua interpretação.

11.4. Inferência sobre correlação canônica

Com efeito, a técnica de correlações canônicas consiste em substituir pq covariâncias contidas em $\hat{\boldsymbol{\Sigma}}_{XY}$ por $k = \min(p, q)$ correlações canônicas, resumindo assim a informação de associação entre o grupo X e o grupo Y de variáveis. Na prática, não necessitamos das k correlações canônicas, mas desejamos que duas ou três (no máximo) sejam suficientes. Cabe então realizar testes de significância para as correlações canônicas, os quais são construídos com base na hipótese de que não haja associação linear entre os dois grupos de variáveis, isto é:

$$H_0 : \mathbf{\Sigma}_{XY} = \mathbf{0}$$

que implica afirmar que todas as correlações canônicas são nulas.

Um teste aproximado, que admite distribuição normal multivariada dos dados, consiste em calcular a estatística lambda de Wilks

$$\Lambda_1 = \frac{\left|\hat{\mathbf{\Sigma}}\right|}{\left|\hat{\mathbf{\Sigma}}_{XX}\right|\left|\hat{\mathbf{\Sigma}}_{YY}\right|} = \frac{|\mathbf{R}|}{|\mathbf{R}_{XX}|\,|\mathbf{R}_{YY}|}$$

que pode ser simplificada e generalizada para que possamos testar a significância de cada uma das correlações canônicas, por meio de

$$\Lambda_j = \prod_{j}^{k}(1 - \lambda_j)$$

Então usamos a seguinte aproximação pela distribuição F:

$$F = \frac{1 - \Lambda_j^{1/t}}{\Lambda_j^{1/t}} \frac{\nu_2}{\nu_1} \sim F_{\nu_1,\nu_2}$$

em que:

$$\begin{aligned}
\nu_1 &= (p - j + 1)(q - j + 1) \\
\nu_2 &= wt - 0.5\nu_1 + 1 \\
w &= n - 0.5(p + q + 3) \\
t &= \sqrt{\frac{\nu_1^2 - 4}{(p-j+1)^2 + (q-j+1)^2 - 5}}
\end{aligned}$$

Rejeitamos H_0 quando $F \geq F_\alpha$, e então concluímos que ao menos a j-ésima correlação canônica é diferente de zero.

11.5. Exemplo

Os dados com o nome 'schooldata', do pacote **heplots** (Fox et al., 2013), também disponível no pacote **FRB**, referem-se a setenta observações tomadas em escolas de diferentes locais nas seguintes variáveis: nota em teste de leitura, matemática e escore de autoestima, bem como o nível educional da mãe; maior escore da ocupação de um membro da família; número de visitas dos pais à escola; índice de aconselhamento e número de professores num dado local.

```
R> library(heplots)
R> data(schooldata)
R> str(schooldata)
'data.frame':   70 obs. of  8 variables:
$ education  : num  86.1 29.3 43.1 25 11.6 ...
$ occupation : num  16.24 10.24 11.31 6.14 2.21 ...
$ visit      : num  48.21 41.96 38.19 24.81 6.85 ...
$ counseling : num  49.69 40.65 35.03 25.15 6.37 ...
$ teacher    : int  9 5 9 7 4 4 7 8 8 9 ...
$ reading    : num  54.53 24.69 36.41 14.94 7.81 ...
$ mathematics: num  58.98 33.89 40.62 17.58 6.94 ...
$ selfesteem : num  38.16 26.02 28.51 16.19 5.37 ...
```

Uma análise de correlação canônica pode aqui ser realizada para verificar se o desempenho dos alunos nas escolas está relacionado à sua situação social e familiar. Antes de procedermos à análise em si, vale a pena observar a matriz de correlação e suas submatrizes, delimitadas pelos dois grupos de variáveis. Como visto anteriormente, uma forma de visualizar essa matriz é com a função `corrplot()` do pacote homônimo.

```
R> library(corrplot)
R> Mcor <- cor(schooldata)
R> corrplot(Mcor, type = "upper", method = "ellipse",
```

```
+    tl.pos = "tl")
R> corrplot(Mcor, add = TRUE, type = "lower",
+    method = "number", tl.pos = "n", cl.pos = "n")
R> corrRect(clus = c(5, 3))
```

A Figura 11.1 a seguir é então obtida.

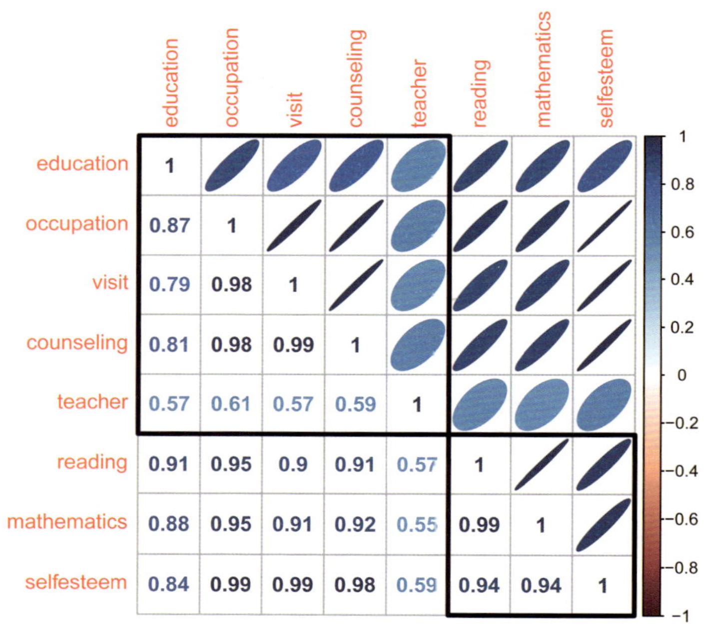

Figura 11.1. Representação gráfica da matriz de correlação dos dados 'schooldata'.

Note que os comandos que usamos para construir a figura são bastante flexíveis. Não obstante, o simples comando `corrplot.mixed (Mcor)` produz um gráfico muito semelhante.

Para realizar a análise de correlação canônica, vamos usar a função `cancor()` do pacote **candisc** (Friendly & Fox, 2013).

```
R> library(candisc)
R> dadosP <- scale(schooldata, center = TRUE,
```

```
+                     scale = TRUE)
R> X <- dadosP[, 1:5]  # grupo 1
R> Y <- dadosP[, 6:8]  # grupo 2
R> cc <- cancor(X, Y)
R> summary(cc)

Canonical correlation analysis of:
   5   X  variables:  education, occupation, visit,
                      counseling, teacher
with
   3   Y  variables:  reading, mathematics, selfesteem

     CanR CanRSQ    Eigen  percent    cum
1 0.9967 0.9934 151.0502 99.09963  99.10
2 0.7456 0.5559   1.2516  0.82112  99.92
3 0.3283 0.1078   0.1208  0.07925 100.00

Test of H0: The canonical correlations in the
current row and all that follow are zero

     CanR  WilksL      F df1    df2  p.value
1 0.99671 0.00261 87.272  15 171.56 0.000000
2 0.74556 0.39627  9.270   8 126.00 0.000000
3 0.32829 0.89222  2.577   3  64.00 0.061414

Raw canonical coefficients

X  variables:
                Xcan1     Xcan2    Xcan3
education    0.102484 -1.476320 -0.94678
occupation -0.852540 -0.889379  3.48559
visit       -0.303630  1.379776 -6.66773
counseling  0.069772  0.695193  4.44108
teacher     -0.005530  0.086014 -0.76641
```

```
Y variables:
                Ycan1   Ycan2   Ycan3
reading       0.10009 -4.4042 -4.6398
mathematics -0.03266  1.9360  6.4559
selfesteem  -1.06272  2.2777 -1.7418
```

O primeiro par canônico é dado por:

$$U_1 = 0.10edu - 0.85occu - 0.30visit + 0.07coun - 0.005teac$$
$$V_1 = 0.10reading - 0.03math - 1.06selfesteem$$

que apresentou correlação de 0.9967, significativa ($p < 0.05$) pelo teste F. Podemos então observar que as relações entre o desempenho dos alunos e a sua situação social familiar são explicadas principalmente pela associação entre o maior escore da ocupação de um dos membros da família e o escore de autoestima, sendo que quanto maior o escore de ocupação, maior a autoestima dos alunos.

11.6. Exercício

Carregue os dados com o nome 'LifeCycleSavings', que contém cinquenta observações de cinco variáveis. Observe a descrição dos dados, fazendo `help(LifeCycleSavings)`. Considere as variáveis `pop15` e `pop75` como sendo um grupo, e as variáveis `sr`, `dpi` e `ddpi` como sendo outro grupo. Então:

1. construa um gráfico de correlações;
2. padronize as variáveis para terem média 0 e variância 1;
3. realize uma análise de correlação canônica, conforme os grupos descritos;

4. verifique se há associação linear significativa entre os dois grupos de variáveis, obtenha os pares canônicos de interesse e faça interpretações desses pares em termos das variáveis originais.

11.7. Outras implementações

A função `cancor()` do pacote **stats** (padrão do R) também realiza a análise exploratória de correlação canônica. Outras alternativas são os pacotes **CCA** (González & Déjean, 2012) e **yacca** (Butts, 2012).

11.8. Bibliografia

Butts, C. T. (2012) **yacca**: Yet another canonical correlation analysis package. R package version 1.1. Disponível em: `http://CRAN.R-project.org/package=yacca`

Ferreira, D. F. (2011) **Estatística multivariada**. 2. ed. Lavras: Editora UFLA.

Fox, J.; Friendly, M.; Monette, G. (2013) **heplots**: Visualizing tests in multivariate linear models. R package version 1.0-11. Disponível em: `http://CRAN.R-project.org/package=heplots`

Friendly, M.; Fox, J. (2013) **candisc**: Visualizing generalized canonical discriminant and canonical correlation analysis. R package version 0.6-5. Disponível em: `http://CRAN.R-project.org/package=candisc`

González, I.; Déjean, S. (2012) **CCA**: Canonical correlation analysis. R package version 1.2. Disponível en:

http://CRAN.R-project.org/package=CCA

Johnson, R. A.; Wichern, D. W. (2007) **Applied multivariate statistical analysis**. 6. ed. New Jersey: Pearson.

Krzanowski, W. J. (2000) **Principles of multivariate analysis:** a user's perspective. Oxford: Oxford University Press.

Manly, B. F. J. (2008) **Métodos estatísticos multivariados**: uma introdução (Tradução Sara I. Carmona). 3. ed. Porto Alegre: Bookman.

Rencher, A. (2002) **Methods of multivariate analysis**. 2. ed. New York: John Wiley & Sons.

Capítulo 12

Análise de agrupamento

12.1. Introdução

A análise de agrupamento (*cluster analysis*) é um dos métodos multivariados mais utilizados, em especial quando procuramos padrões no conjunto de dados, de tal forma que seja possível particionar as observações (em geral) em grupos. Por exemplo, num banco de germoplasma, pode ser de interesse caracterizar os indivíduos com base em características genéticas para eliminação de réplicas. Numa instituição financeira, as características socioeconômicas dos clientes podem ser utilizadas para formar grupos de indivíduos e definir diferentes estratégias de negócio com eles. Observe que nesse tipo de análise nem o número de grupos nem os próprios grupos são previamente conhecidos. Isso a diferencia da técnica de análise discriminante, em que os grupos são preestabelecidos.

Quando se fala em agrupamento, surge a idéia de similaridade ou dissimilaridade, baseadas em medidas de distância. Exemplo: num programa de melhoramento de plantas, a identificação dos genótipos mais distantes geneticamente pode ser bastante útil quando da formação de novos cruzamentos, uma vez que genitores divergentes tendem a produzir decendentes com certas características mais desenvolvidas. Os métodos multivariados de agrupamento são, de fato, baseados em matrizes de distância.

12.2. Distâncias multivariadas

Considere dois indivíduos nos quais foi medida a variável quantitativa X. Naturalmente, uma medida de distância entre esses dois indivíduos seria $d_{12} = x_1 - x_2$ ou $d_{12} = x_2 - x_1$, ou também $d_{12} = |x_1 - x_2|$, ou ainda $d_{12} = \sqrt{(x_1 - x_2)^2}$.

Admita agora que não só uma, mas duas variáveis quantitativas, X e Y, foram mensuradas nesses dois indivíduos, conforme mostra a Figura 12.1.

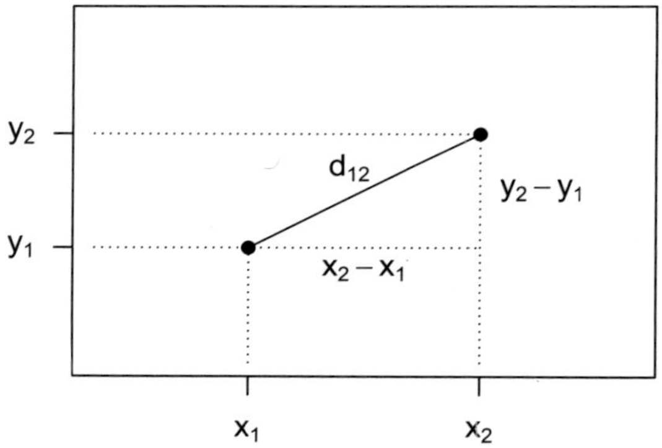

Figura 12.1. Ilustrando a distância euclideana bivariada.

Então, a partir do teorema de Pitágoras, temos:

$$d_{12} = \sqrt{(x_2 - x_1)^2 + (y_2 - y_1)^2}$$

Tal medida de distância pode ser generalizada para o caso multivariado, conhecida como distância euclideana:

$$d_{ii'} = \sqrt{\sum_{j=1}^{p}(x_{ij} - x_{i'j})^2}$$

em que $d_{ii'}$ é a **distância euclideana** entre o i e o i'-ésimo indivíduo, com base nas p variáveis neles mensuradas.

A distância euclideana quadrada também pode ser utilizada. Na forma matricial, tem-se:

$$d_{ii'}^2 = (\mathbf{x}_i - \mathbf{x}_{i'})^T(\mathbf{x}_i - \mathbf{x}_{i'})$$

Um aspecto negativo dessa medida de distância é que as variáveis não têm o mesmo peso no cálculo da distância entre dois indivíduos. De fato, variáveis cujas unidades de medida são mais altas têm maiores pesos no cálculo da distância. Esse problema pode ser contornado por simples padronização das variáveis. No entanto, outro aspecto negativo é que, se houver alguma associação linear entre as p variáveis, essa informação será perdida no cálculo da distância.

Outra medida de distância multivariada que leva em conta as variâncias (escala) e covariâncias (associação) das variáveis é a **distância quadrada generalizada de Mahalanobis**, D^2. De forma semelhante à euclideana quadrada, tem-se:

$$D_{ii'}^2 = (\mathbf{x}_i - \mathbf{x}_{i'})^T\mathbf{S}^{-1}(\mathbf{x}_i - \mathbf{x}_{i'})$$

em que $\mathbf{S}$ é a matriz covariância das p variáveis. Note que, quando $\mathbf{S} = \mathbf{I}$, então $D_{ii'}^2 = d_{ii'}^2$.

Além dessas duas, várias outras medidas de distância multivariada são conhecidas. No R, algumas dessas medidas estão disponíveis na função `dist()`. Por exemplo, usando o *data set* 'USArrests' (pacote **datasets**), podemos calcular a distância euclideana das primeiras cinco observações (cinco estados dos Estados Unidos) multivariadas da seguinte forma:

```
R> dist(USArrests[1:5, ], method = "euclidean")
            Alabama    Alaska   Arizona  Arkansas
Alaska     37.17701
Arizona    63.00833  46.59249
Arkansas   46.92814  77.19741 108.85192
```

```
California  55.52477  45.10222  23.19418  97.58202
```

Podemos observar que, em termos de indicadores de violência (variáveis), os estados do Arkansas e do Arizona são os mais distintos dos cinco avaliados.

O argumento `method`, entretanto, não permite a definição da distância de Mahalanobis. Porém, ela está disponível no pacote **biotools** (Silva, 2016), por meio da função `D2.dist()`. Utilizando o exemplo anterior, temos:

```
R> library(biotools)
R> S <- cov(USArrests)
R> S
              Murder  Assault   UrbanPop      Rape
Murder     18.970465  291.0624   4.386204  22.99141
Assault   291.062367 6945.1657 312.275102 519.26906
UrbanPop    4.386204  312.2751 209.518776  55.76808
Rape       22.991412  519.2691  55.768082  87.72916

R> D2.dist(data = USArrests[1:5, ], cov = S)
             Alabama    Alaska   Arizona  Arkansas
Alaska     19.333113
Arizona     9.969068 15.008955
Arkansas    2.010068 12.289637  7.290770
California 12.418988 12.670193  3.041800 10.614265
```

Perceba agora que, como as variáveis têm variâncias bem diferentes e ainda estão correlacionadas, os estados mais distintos são Alaska e Alabama.

12.3. O método de Tocher

K. D. Tocher (Rao, 1952) propôs um método simples de agrupamento, que segue o algoritmo:

1. (*Input*) Tome uma matriz de distâncias, digamos $\mathbf{d}$, de dimensão n.

2. Defina um critério de agrupamento, isto é, uma distância limite para avaliar a inclusão de indivíduos em um grupo em formação. Geralmente, esse critério é definido como se segue: considere $\mathbf{m}$ um vetor de dimensão n contendo as menores distâncias envolvendo cada indivíduo; então considere $\theta = \max(\mathbf{m})$ como sendo o critério de agrupamento.

3. Identifique em $\mathbf{d}$ o par de indivíduos mais semelhantes. Esses dois indivíduos formarão o grupo inicial.

4. Calcule a distância média do grupo inicial a um novo indivíduo cuja distância em relação a cada indivíduo do grupo inicial seja a menor.
   A distância média do k-ésimo grupo de tamanho n_k a certo indivíduo, digamos j, é dada por:

$$d_{k(j)} = \frac{1}{n_k} \sum_{i=1}^{n_k} d_{i(j)}$$

5. Compare a estatística obtida no passo 4 com o valor de θ. Então, adicione o novo indivíduo j ao grupo inicial se $d_{k(j)} \leq \theta$. Caso contrário, retorne ao passo 3, desconsiderando os indivíduos já agrupados, e inicie um novo grupo.

O processo continua até o último indivíduo ser avaliado e ou incluído no último grupo em formação ou alocado ao seu próprio grupo, formando assim um grupo de apenas um indivíduo. De acordo com Cruz et al. (2011), a entrada de um indivíduo em um grupo sempre aumenta o valor médio da distância dentro do grupo.

Esse método heurístico, bastante utilizado em estudos de divergência genética/fenotípica, não requer a definição do número de grupos por parte do usuário e apresenta a seguinte característica de otimização: a distância média intragrupo é sempre menor que a distância média intergrupos.

Vasconcelos et al. (2007) propuseram uma modificação no método original, passando-o de simultâneo para sequencial, por vezes chamado **Tocher modificado**, não mais apresentando um critério único θ de agrupamento. Em relação à proposta original, os autores afirmam a vantagem de, durante o processo de agrupamento, não mais haver influência dos indivíduos ja agrupados. Além disso, a ocorrência de grupos com apenas um indivíduo é menos provável do que com o método original.

O pacote **biotools** dispõe de uma função, `tocher()`, que permite realizar agrupamento de Tocher por meio dos dois algoritmos descritos.

Exemplo

Utilizando a matriz de distâncias de Mahalanobis da seção anterior, podemos realizar o agrupamento de Tocher com os seguintes comandos:

```
R> D2 <- D2.dist(data = USArrests[1:5, ], cov = S)
R> tocher(D2, algorithm = "original")

         Tocher's Clustering

Call: tocher.dist(d = D2, algorithm = "original")

Cluster algorithm: original
Number of objects: 5
Number of clusters: 2
Most contrasting clusters: cluster 1 and cluster 2, with
   average intercluster distance: 14.82547

$`cluster 1`
```

```
[1] Alabama    Arkansas   Arizona    California

$`cluster 2`
[1] Alaska
```

12.4. Métodos hierárquicos

Nos métodos hierárquicos de agrupamento, os indivíduos são agrupados por um processo que se repete em vários níveis até que seja estabelecido o dendrograma (diagrama bidimensional em forma de árvore), que é o principal objetivo.

Os métodos hierárquicos são quase certamente os mais utilizados em análise de agrupamento. Alguns dos principais métodos são:

- método da ligação simples (vizinho mais próximo)
- método da ligação completa (vizinho mais distante)
- método da ligação média (UPGMA)
- método de Ward

Todos esses métodos, assim como o de Tocher, operam sobre a matriz de distâncias, dispensando recorrer aos dados originais. A escolha do método está diretamente relacionada ao objetivo do estudo. Por exemplo, o método da ligação simples consiste em atualizar distâncias entre grupos por meio dos indivíduos mais próximos. Por outro lado, o método da ligação completa usa o algoritmo inverso, isto é, pela maior distância entre os indivíduos. O método da ligação média é preferido pelos pesquisadores que não desejam caracterizar as distâncias entre indivíduos por valores extremos. A Figura 12.2 ilustra essa ideia. Já o método de Ward é conhecido por formar grupos bastante homogêneos, isto é, com variância interna mínima.

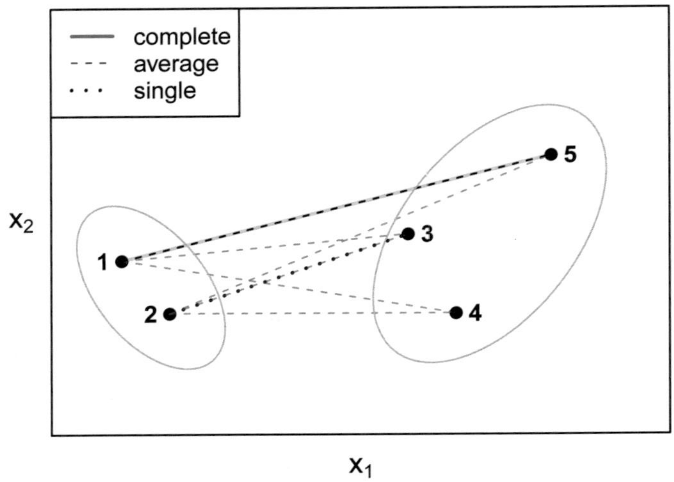

Figura 12.2. Ilustrando as representações de distância bivariada entre dois grupos de indivíduos pelos métodos de ligação completa, ligação média e ligação simples.

Exemplo

Utilizando o objeto D2 criado na seção anterior, podemos realizar agrupamentos hierárquicos com os quatro métodos apresentados da seguinte forma:

```
R> hc1 <- hclust(D2, method = "single")
R> hc2 <- hclust(D2, method = "complete")
R> hc3 <- hclust(D2, method = "average")
R> hc4 <- hclust(D2, method = "ward.D2") # ver nota
```

Nota:
Versões do R > 3.0.3 apresentam dois algoritmos para agrupamento de Ward. A opção `ward.D` equivale à antiga `ward` e **não** corresponde ao método original (Ward, 1963), que foi recentemente implementado na opção `ward.D2`.

Os dendrogramas apresentados na Figura 12.3 podem ser obtidos fazendo:

```
R> par(mfrow = c(2, 2)) # gráficos em uma mesma janela
R> plot(hc1)
R> plot(hc2)
R> plot(hc3)
R> plot(hc4)
```

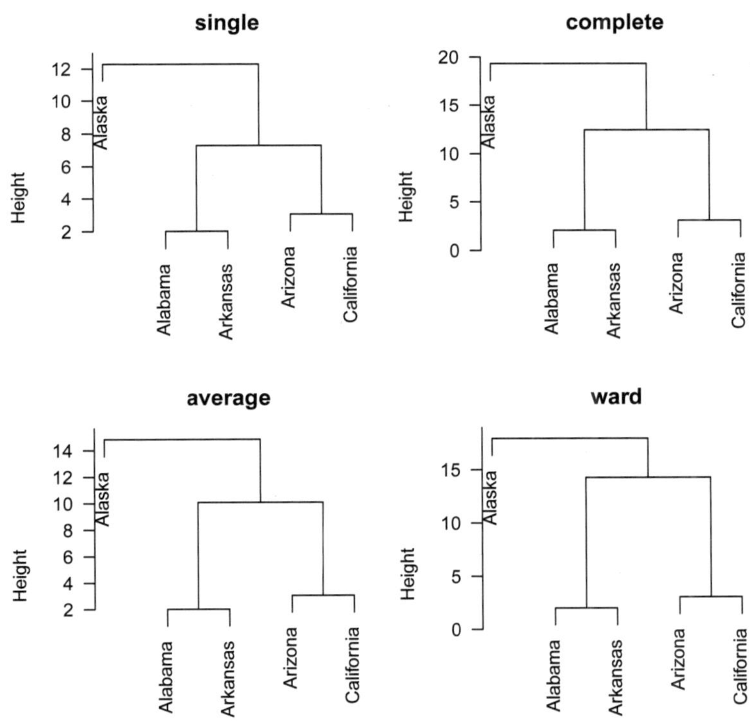

Figura 12.3. Dendrogramas obtidos com os métodos: ligação simples, completa, média e algoritmo de Ward, com base na distância de Mahalanobis dos cinco primeiros estados dos dados 'USArrests'.

Embora ligeiramente diferentes, os métodos hierárquicos parecem concordar em relação à formação dos grupos. Por exemplo, pelo dendrograma obtido com o método de Ward, claramente podemos definir três grupos: 1) Alaska; 2) Alabama e Arkansas; 3) Arizona e Califórnia.

Agora reveja os grupos formados pelo método de Tocher. Lembre que apenas dois grupos foram formados, mas perceba também que há uma concordância entre todos os métodos – o estado do Alaska forma, isoladamente, um grupo.

Numa análise de agrupamento, diferentes métodos e diferentes medidas de distância podem promover diferentes resultados!

12.5. Correlação cofenética

Depois de realizado o agrupamento, faz-se necessário quantificar a sua qualidade, isto é, o quão semelhantes são as distâncias originais ($d_{ii'}$) em relação às distâncias produzidas pelo fenograma[1] (distâncias cofenéticas, $c_{ii'}$). Para tal, o coeficiente de correlação cofenética (Sokal & Rohlf, 1962) é uma medida adequada, sendo que quanto maior for o valor da correlação, menor será a distorção provocada pelo agrupamento.

$$r_{cof} = \frac{\sum_{i=1}^{n}\sum_{i'<i}^{n-1}(d_{ii'} - \bar{d})(c_{ii'} - \bar{c})}{\sqrt{\sum_{i=1}^{n}\sum_{i'<i}^{n-1}(d_{ii'} - \bar{d})^2 \sum_{i=1}^{n}\sum_{i'<i}^{n-1}(c_{ii'} - \bar{c})^2}}$$

Apesar de ser largamente utilizada para avaliar resultados de agrupamentos hierárquicos, Silva & Dias (2013) propuseram um algoritmo para obter a correlação cofenética para o método de Tocher, no qual as distâncias cofenéticas são baseadas nas distâncias médias intra e intergrupos.

[1] Diagrama que descreve as relações de similaridade/dissimilaridade entre indivíduos com base em um conjunto de características, geralmente morfológicas/fenotípicas.

Exemplo 1: agrupamento de Tocher

Utilizando a matriz de distâncias (objeto `D2`) dos exemplos anteriores, podemos calcular a correlação cofenética do agrupamento de Tocher da seguinte forma:

```
R> toc <- tocher(D2) # agrupamento
R> dist.tocher <- cophenetic(toc) # matriz cofenética
R> dist.tocher
              Alabama    Alaska   Arizona  Arkansas
Alaska      14.825474
Arizona      7.557493 14.825474
Arkansas     7.557493 14.825474  7.557493
California   7.557493 14.825474  7.557493  7.557493

R> cor(D2, dist.tocher) # correlação cofenética
[1] 0.7146411
```

O agrupamento de Tocher mostrou-se medianamente representativo. No entanto, os autores afirmam que os valores de correlação estão ligados com o número de grupos formados (apenas dois neste caso).

Exemplo 2: agrupamentos hierárquicos

Em agrupamentos hierárquicos, a matriz cofenética é obtida com a função `cophenetic()`. As correlações cofenéticas para os quatro métodos apresentados e utilizados anteriormente são determinadas com os comandos:

```
R> dist.hc1 <- cophenetic(hc1)
R> dist.hc2 <- cophenetic(hc2)
R> dist.hc3 <- cophenetic(hc3)
R> dist.hc4 <- cophenetic(hc4)
R> cor(D2, dist.hc1)
[1] 0.8926901
```

```
R> cor(D2, dist.hc2)
[1] 0.9042972
R> cor(D2, dist.hc3)
[1] 0.9048841
R> cor(D2, dist.hc4)
[1] 0.8871881
```

Observamos então que os métodos de ligação simples, ligação completa e ligação média produziram dendrogramas com representatividade alta. No caso do algoritmo de Ward, por ser baseado na minimização da soma de quadrados dentro dos grupos, é esperado que apresente correlação cofenética inferior aos demais, ainda que ligeiramente, como neste caso.

12.6. O teste de Mantel

As hipóteses

$$H_0 : \rho_{cof} = 0 \quad vs. \quad H_1 : \rho_{cof} > 0$$

podem ser avaliadas pelo teste da aleatorização de Mantel (1967). O teste é baseado na distribuição empírica da correlação cofenética obtida a partir de aleatorizações de uma das duas matrizes de distância envolvidas. Em geral, o teste é unilateral à direita, pois é esperado que as matrizes de distância sejam positivamente correlacionadas.

No pacote **biotools** há uma implementação desse teste. Por exemplo: a correlação cofenética obtida com o agrupamento de Tocher (0.71) pode ser testada por meio de:

```
R> mantelTest(D2, dist.tocher, nperm = 999)

            Mantel's permutation test

Correlation: 0.7146411
```

```
p-value: 0.205, based on 999 matrix permutations
Alternative hypothesis: true correlation is greater
than 0
```

Podemos concluir, assim, que a correlação cofenética obtida com o método de Tocher não difere de zero ($p = 0.205$), de acordo com o teste de Mantel, com base em 999 permutações.

Silva et al. (2015) apresentam uma alternativa simples e rápida para análise do poder do teste de Mantel. A metodologia está implementada na função `mantelPower()` do pacote **biotools**.

12.7. Exercícios

1. Utilize todas as observações do *data set* 'USArrests' e realize uma análise de agrupamento com base na distância euclideana, com as variáveis escalonadas para terem variância 1, pelos métodos de Tocher e da ligação média. Se preferir, use o número de grupos formados pelo método de Tocher para ter ideia do ponto de corte no dendrograma. Verifique se os grupos são concordantes. Depois aplique o teste de Mantel para as correlações cofenéticas.

2. Carregue o pacote **cluster** (Maechler et al., 2014) e utilize os dados 'agriculture' para realizar uma análise de agrupamento pelos métodos de Tocher modificado e Ward. Verifique se as variáveis desses dados são correlacionadas e então escolha uma medida de distância adequada. Depois, construa um gráfico biplot (Capítulo 6) e verifique se os resultados são coerentes com os anteriores.

12.8. Miscelânea

Algumas funções úteis, em se tratando de agrupamentos hierárquicos (função `hclust()`), são:

- rect.hclust()
- identify()
- cutree()
- as.dendrogram()
- cut()
- heatmap()

12.9. Outras implementações

Outras formas de visualização de dendrogramas estão disponíveis no pacote **ape** (Paradis, 2004). Veja alguns exemplos na Figura 12.4, cujos códigos necessários são apresentados a seguir:

```
R> D2 <- D2.dist(data = USArrests[1:12, ], cov = S)
R> hc1 <- hclust(D2, method = "ward")
R> grupos <- cutree(hc1, k = 3)
R> hc1.phylo <- as.phylo(hc1)
R> par(mfrow = c(3, 2))
R> plot(hc1.phylo, type = "phylogram",
+       tip.color = grupos)
R> plot(hc1.phylo, type = "cladogram",
+       tip.color = grupos)
R> plot(hc1.phylo, type = "fan",
+       tip.color = grupos)
R> plot(hc1.phylo, type = "unrooted",
+       tip.color = grupos)
R> plot(hc1.phylo, type = "radial",
+       tip.color = grupos)
```

O pacote **ecodist** (Goslee & Urban, 2007) traz uma implementação para o cálculo de distâncias multivariadas de diversos tipos,

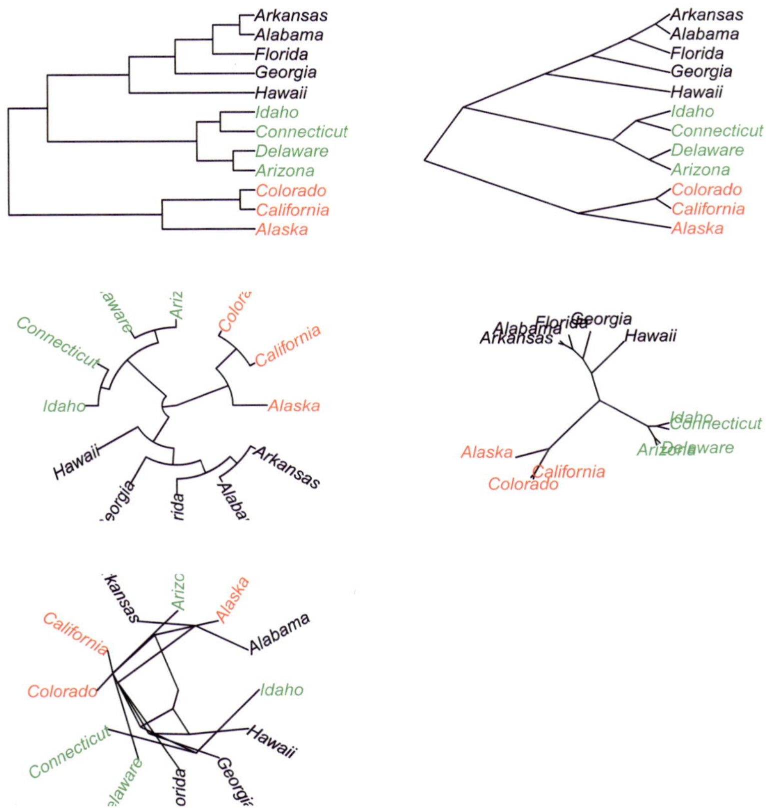

Figura 12.4. Dendrogramas obtidos com o método de Ward com base na distância de Mahalanobis dos doze primeiros estados dos dados 'USArrests'.

com base em variáveis quantitativas, ordinais, binárias, qualitativas ou mesmo uma mistura delas. Muitas dessas medidas de distância não estão disponíveis na função `dist()` do pacote **stats** (padrão do R).

A função `agnes()` do pacote **cluster** (Maechler et al., 2014) é uma alternativa bastante completa para realizar agrupamentos hierárquicos, fornecendo também uma medida da estrutura do agrupamento.

O teste de Mantel pode também ser encontrado no pacote **ade4** (Dray & Dufour, 2007).

12.10. Bibliografia

Cruz, C. D.; Ferreira, F. M.; Pessoni, L. A. (2011) **Biometria aplicada ao estudo da diversidade genetica**. Visconde do Rio Branco: Suprema.

Dray, S.; Dufour, A. B. (2007) The ade4 package: implementing the duality diagram for ecologists. **Journal of Statistical Software**, 22:1-20.

Ferreira, D. F. (2011) **Estatística multivariada**. 2. ed. Lavras: Editora UFLA.

Goslee, S. C.; Urban, D. L. (2007) The ecodist package for dissimilarity-based analysis of ecological data. **Journal of Statistical Software**, 22:1-19.

Maechler, M.; Rousseeuw, P.; Struyf, A.; Hubert, M.; Hornik, K. (2014) **cluster**: Cluster analysis basics and extensions. R package version 1.15.3.

Mahalanobis, P. C. (1936) On the generalized distance in statistics. **Proceedings of The National Institute of Sciences of India**, 12:49-55.

Manly, B. F. J. (2005) **Multivariate statistical methods**: a primer. 3. ed. Boca Raton, FL: Chapman and Hall/CRC Press.

Mantel, N. (1967) The detection of disease clustering and

generalized regression approach. **Cancer Res.**, 27:209-220.

Mardia, K. V.; Kent, J. T.; Bibby, J. M. (1979) **Multivariate analysis**. London: Academic Press.

Paradis, E.; Claude, J.; Strimmer, K. (2004) APE: analyses of phylogenetics and evolution in R language. **Bioinformatics**, 20: 289-290.

Rao, R. C. (1952) **Advanced statistical methods in biometric research**. New York: John Wiley & Sons.

Sharma, J. R. (2006) **Statistical and biometrical techniques in plant breeding**. Delhi: New Age International.

Silva, A. R. (2016) **biotools**: Tools for biometry and applied statistics in agricultural science. R package version 3.0. Disponível em `http://CRAN.R-project.org/package=biotools`.

Silva, A. R.; Dias, C. T. S. (2013) A cophenetic correlation coefficient for Tocher's method. **Pesquisa Agropecuária Brasileira**, 48:589-596.

Silva, A. R.; Dias, C. T. S.; Cecon, P. R.; Rego, E. R. (2015) An alternative procedure for performing a power analysis of Mantel's test. **Journal of Applied Statistics**, doi: `10.1080/02664763.2015.1014894`

Sokal, R. R.; Rohlf, F. J. (1962) The comparison of dendrograms by objective methods. **Taxon**, 11:30-40.

Vasconcelos, E. S.; Cruz, C. D.; Bhering, L. L.; Resende Júnior, M. F. R. (2007) Método alternativo para análise de agrupamento. **Pesquisa Agropecuária Brasileira**,

42:1421-1428.

Ward, J. H., Jr. (1963) Hierarchical grouping to optimize an objective function. **Journal of the American Statistical Association**, 58:236-244.

Capítulo 13

Análise discriminante de Mahalanobis

13.1. Sobre análise discriminante

O objetivo principal da análise discriminante é discriminar indivíduos alocados em grupos previamente estabelecidos. Perceba então que, diferentemente da análise de agrupamento, neste caso conhecemos os grupos, ao menos inicialmente.

A análise discriminante pode ser utilizada para classificação de novos indivíduos, isto é, observações que não foram utilizadas na construção da regra de discriminação ou classificação.

Existem alguns métodos para a construção da regra de discriminação, tais como as funções discriminantes canônicas, como visto no capítulo sobre MANOVA. Neste capítulo, utilizaremos um método bastante simples de discriminação, baseado na distância de Mahalanobis, apresentada no capítulo sobre análise de agrupamento.

13.2. Utilizando a distância de Mahalanobis para discriminação

A nossa abordagem para discriminação de grupos aqui consiste em calcular as distâncias quadradas generalizadas de Mahalanobis de cada observação multivariada ao centro de cada um dos grupos. Considere então a i-ésima ($i = 1, 2, ..., n_j$) observação p-variada pertencente ao j-ésimo ($j = 1, 2, ..., k$) grupo, $\mathbf{x}_{ij}$. Seja $\bar{\mathbf{x}}_{j'}$ o vetor de médias do j'-ésimo ($j' = 1, 2, ..., k$) grupo. A distância de Mahalanobis dessa observação ao centro desse grupo é dada por:

$$D^2_{ij,j'} = (\mathbf{x}_{ij} - \bar{\mathbf{x}}_{j'})^T \hat{\boldsymbol{\Sigma}}_c^{-1} (\mathbf{x}_{ij} - \bar{\mathbf{x}}_{j'})$$

em que $\hat{\boldsymbol{\Sigma}}_c^{-1}$ é a estimativa da matriz de covariâncias combinadas para grupos.

Agora considere C_j a variável aleatória que representa o grupo ou classe ao qual está alocada a observação $\mathbf{x}_{ij}$. A classe predita pelo método $\hat{C}_{j'}$ para essa observação é tal que

$$j' \Rightarrow \min_{j'=1}^{k}(D^2_{ij,j'})$$

isto é, o indivíduo é alocado ao grupo cuja distância do seu centro é a menor.

13.3. Exemplo

Considere novamente os dados 'iris', que contêm cinquenta observações tomadas em quatro variáveis para cada um dos três grupos (fator *Species*). Uma análise discriminante com base nas distâncias quadradas generalizadas de Mahalanobis pode ser realizada usando a função `D2.disc()` do pacote **biotools** (Silva, 2016), da seguinte forma:

```
 R> library(biotools)
 R> adm <- D2.disc(data= iris[,-5], grouping= iris[,5])
 R> adm

Call:
D2.disc.default(data= iris[, -5], grouping= iris[,5])

Mahalanobis distances from each class and class
prediction (first 6 rows):
     setosa versicolor virginica grouping   pred
1 0.2910898   98.88475  191.7886   setosa setosa
2 2.0313451   80.97126  169.1870   setosa setosa
3 0.5532814   87.28938  177.0701   setosa setosa
4 2.0866979   75.29369  160.7244   setosa setosa
5 0.5956300  100.92317  193.8540   setosa setosa
6 1.9447533   95.93997  183.1140   setosa setosa
  misclass
1
2
3
4
5
6

Class means:
           Sepal.Length Sepal.Width Petal.Length
setosa            5.006       3.428        1.462
versicolor        5.936       2.770        4.260
virginica         6.588       2.974        5.552
           Petal.Width
setosa           0.246
versicolor       1.326
virginica        2.026
```

```
Confusion matrix:
           new setosa new versicolor new virginica
setosa             50              0             0
versicolor          0             48             2
virginica           0              1            49
```

O *output* traz as distâncias (`D2`) das observações[1] ao centro de cada grupo (`means`), a matriz de covariâncias combinadas (`pooled`) e a matriz de confusão (`confusion.matrix`) contendo o número de classificações corretas na diagonal e incorretas fora dela. No objeto (`D2`) encontramos uma coluna (`misclass`) que indica (com um asterisco) onde houve divergência entre a classificação original (`grouping`) e a predita pelo método (`pred`).

Se analisarmos o objeto `D2` (digite `adm$D2`), verificaremos então que a primeira observação apresentará a menor distância de Mahalanobis ao centro do seu próprio grupo (*setosa*), sendo assim corretamente classificada. Por outro lado, a observação encontrada na linha 71 apresenta distância para o centro do grupo *virginica* ainda menor em relação ao seu próprio grupo (*versicolor*). Assim, essa observação foi realocada ao grupo *virginica* (veja a coluna `pred`). O mesmo ocorre com a observação 84. Com a observação 134 uma reclassificação também foi feita.

Na matriz de confusão, observamos que, dos 50 indivíduos pertencentes à classe *setosa*, todos foram corretamente classificados. Porém, na classe *versicolor*, dos 50 indivíduos, 2 deles (observações 71 e 84) foram realocados à classe *virginica* e os 48 restantes foram corretamente classificados. A classe *virginica* também teve um dos seus indivíduos realocado (observação 134).

Finalmente, os grupos finais obtidos são: *setosa*, permanecendo inalterado; *versicolor*, agora com 49 indivíduos; e *virginica*, agora com 51 indivíduos.

[1]Um *print method* foi criado para que o output fosse resumido às seis primeiras observações multivariadas, evitando assim excesso de informação ao executar a função com data frames extensos.

13.4. Importância de variáveis

Singh (1981) propôs um critério para determinar a importância de variáveis com base na distância generalizada de Mahalanobis. Em sua abordagem, a importância da j-ésima variável ($j = 1, 2, ..., p$) no cálculo da matriz de distância pode ser obtida por:

$$S_{.j} = \sum_{i=1}^{n-1} \sum_{i'>i}^{n} (x_{ij} - x_{i'j})(\mathbf{x}_i - \mathbf{x}_{i'})^T \mathbf{\Sigma}_{.j}^{-1}$$

em que x_{ij} e $x_{i'j}$ são as observações feitas nos i-ésimo e i'-ésimo objetos (indivíduos) para a j-ésima variável, $\mathbf{x}_i$ é o vetor p-variável do i-ésimo objeto e $\mathbf{\Sigma}_{.j}^{-1}$ é a j-ésima coluna da inversa da matriz de covariâncias.

Como $S_{.j}$ é em si uma medida de distância, pode ser mais apropriado tomar a seguinte proporção:

$$\frac{S_{.j}}{\sum_{j=1}^{p} S_{.j}} \in [0, 1]$$

com a restrição $\sum_{j=1}^{p} S_{.j} = \sum_{i=1}^{n-1} \sum_{i'>i}^{n} D_{ii'}^2$.

Usar a proporção nos permite determinar a importância relativa de cada variável.

Para exemplificar, tomemos a matriz de covariâncias combinada obtida com a análise discriminante das espécies de iris,

```
R> S <- adm$pooled
```

com a qual calcularemos $S_{.j}$ (`Singh statistic`) e as proporções de cada variável.

```
R> singh(data = iris[, -5], cov = S)
                      Petal.Length Petal.Width
Singh statistic          496380.58   283251.66
Proportion                    0.55        0.32
Cumulative proportion         0.55        0.87
                       Sepal.Width Sepal.Length
```

```
Singh statistic          70079.72    45387.05
Proportion                   0.08        0.05
Cumulative proportion        0.95        1.00
attr(,"class")
[1] "singh"
```

observando-se que 'Petal.Length' contribui com 55% para a discriminação de indivíduos; 'Petal.Width' é a segunda mais importante para a discriminação, com 32%.

13.5. Exercício

Utilize os resultados obtidos no exercício do capítulo sobre MANOVA com os dados 'Wolves', disponíveis no pacote **candisc** (Friendly & Fox, 2013), para realizar uma análise discriminante com base na distância de Mahalanobis. Para tal, utilize a matriz de covariâncias residuais. Verifique quantas reclassificações foram feitas.

13.6. Bibliografia

Friendly, M.; Fox, J. (2013) **candisc**: Visualizing generalized canonical discriminant and canonical correlation analysis. R package version 0.6-5. Disponível em:
`http://CRAN.R-project.org/package=candisc`

Mahalanobis, P. C. (1936) On the generalized distance in statistics. **Proceedings of The National Institute of Sciences of India**, 12:49-55.

Manly, B. F. J. (2005) **Multivariate statistical methods**: a primer. 3. ed. Boca Raton, FL: Chapman and Hall/CRC Press.

Silva, A. R. (2016) **biotools**: Tools for biometry and applied

statistics in agricultural science. R package version 3.0. Disponível em
`http://CRAN.R-project.org/package=biotools`.

Singh, D. (1981) The relative importance of characters affecting genetic divergence. **Indian Journal Genetics and Plant Breeding**, 41:237-245.

Capítulo 14

Escalonamento multidimensional

Neste capítulo consideraremos uma técnica essencialmente gráfica, realizada com o objetivo de redução da dimensão e exame das relações entre observações ou variáveis, o escalonamento multidimensional (MDS, do inglês *multidimensional scaling*), não raramente tratado como uma técnica de ordenação.

14.1. Introdução

Não raramente nos deparamos com dados representados unicamente por distâncias entre objetos ou indivíduos, não estando disponíveis as observações propriamente ditas que deram origem a tais distâncias. É o caso, por exemplo, das distâncias rodoviárias entre cidades. Note que, apesar de termos um sistema de coordenadas geográficas que nos permite dispor as cidades num plano bidimensional, nosso interesse não está nas distâncias geográficas, mas sim nas distâncias percorridas nas rodovias, ainda que ambas sejam equivalentes em alguns casos.

Situações semelhantes ocorrem quando coletamos dados e os resumimos em tabelas de contingência. Por exemplo: observando um grupo de animais quaisquer, um pesquisador pode criar uma tabela de contingência contendo o número de vezes que cada animal interage de alguma forma positiva com cada um dos outros. Com isso, uma matriz de distâncias pode ser construída, na qual, quanto menor o valor entre dois animais, maior a dissimilaridade entre eles.

Quando grupos de indivíduos são formados a partir, por exemplo, de uma análise de agrupamento, o estudo das distâncias intergrupos pode interessar. Acontece que quando o número de grupos é grande, digamos 10 ou mais, esse estudo torna-se mais complicado. Uma solução prática é a representação gráfica por meio de um escalonamento muldimensional da matriz de distâncias médias entre grupos. Em outros casos, não é primordial realizar um agrupamento dos indivíduos, mas sim examinar as distâncias entre eles. Nesses casos, também pode-se recorrer à técnica de escalonamento, tal como fizeram Silva et al. (2014).

Um ponto chave para a utilização do escalonamento multidimensional é que este não faz restrição aos tipos de dados que deram origem à matriz de distâncias. De fato, uma vez que todas as operações são realizadas sobre tal matriz, as variáveis podem ser quantitativas, ordinais, binárias, qualitativas, ou mesmo uma mistura delas.

Ocorre que, quanto maior a dimensão da matriz de distâncias, mais difícil torna-se o estudo do relacionamento entre os objetos. Nesse âmbito, o escalonamento multidimensional permite dispor os objetos de uma matriz de distâncias em um sistema de coordenadas de baixa dimensão, digamos duas ou três dimensões, com o mínimo de perda de informação, de tal forma que as relações entre os objetos possam ser mais facilmente examinadas.

Assim, considere representar graficamente uma matriz de distâncias, Δ, envolvendo n objetos, $\Delta \in \Re^n$, em que δ_{ij} representa a distância original entre o i-ésimo e o j-ésimo objeto. O escalonamento multidimensional consiste em determinar um sistema de coordenadas $\mathbf{X} \in \Re^k$, com $k < n$, de modo que

$$d_{ij} \approx \delta_{ij}, \qquad \forall\, i, j = 1, 2, ..., n$$

sendo d_{ij} a *distância de configuração* entre o i-ésimo e o j-ésimo objeto, na dimensão k. Em geral para obter d_{ij} nos baseamos na distância euclideana.

A partir de $\mathbf{X}$, dispomos os objetos em um gráfico de $k = 2$ ou 3 dimensões e tiramos conclusões acerca das proximidades. Se a representação no sistema de coordenadas $\mathbf{X}$ tem uma interpretação geométrica, então temos um escalonamento multidimensional métrico. Por outro lado, se as distâncias de configuração apenas preservam a ordem das distâncias originais, temos um escalonamento multidimensional não métrico.

Em ambos os casos, dizemos que a análise foi bem sucedida quando a perda de informação, ao sair da dimensão n para a dimensão k, é mínima. Comumente utilizamos uma medida de *stress* para avaliar o percentual de informação não mapeada.

14.2. O escalonamento multidimensional métrico

A seguir, temos o algoritmo da dita **solução clássica** proposta por Torgerson (1952), bastante utilizado por apresentar uma solução analítica.

1. (*Input*) Tome $\Delta^2 = (\delta_{ij}^2)$, a matriz contendo o quadrado das distâncias originais entre n pares de objetos.

2. Construa uma matriz $\mathbf{B}$ $(n \times n)$ da seguinte forma:

$$\mathbf{B} = -\frac{1}{2}\left(\mathbf{I} - \frac{1}{n}\mathbf{J}\right)\Delta^2\left(\mathbf{I} - \frac{1}{n}\mathbf{J}\right)$$

sendo **I** uma matriz identidade de ordem n e **J** uma matriz $(n \times n)$ contendo apenas o valor 1.

3. Proceda à decomposição espectral de **B**, fazendo

$$\mathbf{B} = \mathbf{V}\mathbf{\Lambda}\mathbf{V}^T$$

em que **V** é a matriz de autovetores e $\mathbf{\Lambda}$ é a matriz diagonal de autovalores. Sendo **B** positiva semidefinida, com $p < n$ autovalores positivos $(\lambda_1, \lambda_2, ..., \lambda_p)$, tome $\mathbf{\Lambda}_+$ a matriz de autovalores positivos e $\mathbf{V}_+$ a matriz contendo os autovetores associados. Então, represente a decomposição espectral como o produto de duas matrizes:

$$\begin{aligned}\mathbf{B} &= (\mathbf{V}_+\mathbf{\Lambda}_+^{1/2})(\mathbf{\Lambda}_+^{1/2}\mathbf{V}_+^T) \\ &= \mathbf{X}\mathbf{X}^T\end{aligned}$$

4. Considere as k primeiras colunas de **X** como sendo as coordenadas dos n objetos.

A solução é obtida de tal forma que $d(\mathbf{X}) \cong \Delta$, em que $d(\cdot)$ representa distância euclideana. A matriz **B** é entendida como o resultado da matriz de distâncias após sofrer o processo conhecido como *double centering*. Assim, as colunas de **X** são vetores centrados em zero. Pelo uso da decomposição espectral no processo, nota-se também a semelhança com a análise de componentes principais, daí o fato de essa metodologia ser também conhecida como **análise de coordenadas principais** (Gower, 1966).

Exemplo

Com base em uma matriz de distâncias aéreas (Tabela 14.1) entre doze capitais brasileiras, um escalonamento multidimensional métrico poderia ser realizado para representar as distâncias num plano bidimensional.

Tabela 14.1. Distâncias (km) aéreas entre doze capitais.

	Boa Vista	Brasília	Campo Grande	Cuiabá	João Pessoa	Manaus	Porto Alegre	Recife	Rio Branco	Rio de Janeiro	Salvador	São Paulo
B. Vista	0											
Brasília	2496	0										
C. Grande	2667	878	0									
Cuiabá	2107	873	559	0								
J. Pessoa	3067	1716	2593	2495	0							
Manaus	661	1932	2013	1453	2819	0						
P. Alegre	3785	1619	1119	1679	3066	3132	0					
Recife	3103	1657	2530	2452	104	2833	2977	0				
R. Branco	1626	2246	1827	1414	3632	1149	2814	3618	0			
R. Janeiro	3428	933	1212	1575	1968	2849	1123	1874	2982	0		
Salvador	3009	1060	1905	1915	763	2605	2303	675	3206	1209	0	
S. Paulo	3300	873	894	1326	2216	2689	852	2128	2704	357	1453	0

Fonte: `http://www.itatrans.com.br/distancia1.html`

Uma vez carregados os dados no R utilizando, por exemplo, a função `read.table()`, digamos que o objeto `capitais` seja criado para armazenar esses dados. Daí, basta fazer:

```
R> d <- as.dist(capitais)
R> loc <- cmdscale(d)
R> loc
                 [,1]        [,2]
B.Vista     1962.4768  1056.38794
Brasília    -263.5015   -75.72277
C.Grande     110.3266  -871.62972
Cuiabá       512.3495  -483.01059
J.Pessoa   -1091.1540  1424.74608
Manaus      1577.0202   510.59703
P.Alegre    -715.1276 -1620.48360
Recife     -1136.6988  1328.62292
R.Branco    1923.2416  -606.57304
R.Janeiro -1068.2199  -550.38602
Salvador  -1025.1631   661.18114
S.Paulo     -785.5500  -773.72937
```

Note que o *default* da função `cmdscale()` é $k = 2$, o que resulta na solução bidimensional apresentada. A saída produz as coordenadas das doze cidades para duas dimensões.

A representação gráfica é mostrada na Figura 14.1 a seguir. Para a obtenção desta, os sinais dos valores das coordenadas do eixo x foram trocados, pois na sua forma original, como apresentados anteriormente, esses valores produzem um reflexo (como num espelho) da representação original do mapa do Brasil. Além disso, a fim de obter maior semelhança com as coordenadas geográficas reais, uma rotação ortogonal foi realizada com esses vetores.

```
# rotacionando as coordenadas
R> anglo <- 0.4
R> rot <- matrix(c(cos(anglo), -sin(anglo),
```

```
+                     sin(anglo), cos(anglo)), 2, 2)
R> loc <- loc %*% rot

# gráfico
R> plot(x = -1*loc[, 1], y = loc[, 2],
+        type = "n", asp = 1,
+        xlab = "Dimensão 1", ylab = "Dimensão 2")
R> text(x = -1*loc[, 1], y = loc[, 2],
+        rownames(loc), cex = 0.8, col = "blue")
R> library(sp)
R> compassRose(x = 2600, y = -1400, cex = 0.6)
```

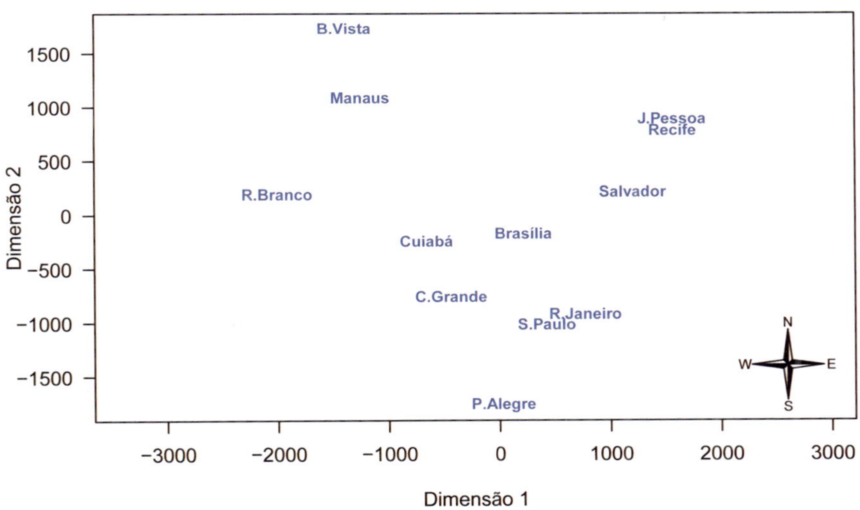

Figura 14.1. Mapeamento das distâncias aéreas de doze capitais brasileiras via escalonamento bidimensional métrico.

Se calcularmos a distância euclideana entre as cidades a partir do objeto `loc` teremos:

```
R> round(dist(loc), 0) # arredondando as distâncias
          B.Vista Brasília C.Grande Cuiabá J.Pessoa Manaus
```

```
Brasília    2497
C.Grande    2674   879
Cuiabá      2115   876   559
J.Pessoa    3076  1714  2592  2492
Manaus       668  1932  2015  1456  2820
P.Alegre    3786  1609  1115  1673  3068  3130
Recife      3111  1654  2529  2450   106  2834
R.Branco    1663  2250  1832  1416  3635  1170
R.Janeiro   3430   934  1222  1582  1975  2850
Salvador    3014  1060  1908  1917   766  2607
S.Paulo     3302   872   901  1330  2220  2689
           P.Alegre Recife R.Branco R.Janeiro Salvador
Brasília
C.Grande
Cuiabá
J.Pessoa
Manaus
P.Alegre
Recife        2979
R.Branco      2826   3621
R.Janeiro     1127   1880     2992
Salvador      2303    677     3209      1212
S.Paulo        850   2131     2714       360     1455
```

que, nesse caso, apresentam valores bem próximos aos observados na Tabela 14.1. Veja que a distância aérea real entre Boa Vista e Brasília é de 2.496 km e a distância de configuração é de aproximadamente 2.497 km. Entre São Paulo e Rio de Janeiro temos uma distância original de 357 km, enquanto pelo escalonamento bidimensional encontramos algo em torno de 360 km. Já a distância de configuração de João Pessoa a Recife é de 106 km, muito semelhante à distância original de 104 km.

O diagrama de Shepard (Figura 14.2) a seguir ilustra essa busca das distâncias de configuração, por vezes chamadas disparidades, em representar as distâncias originais. Uma linha de identidade é traçada.

```
R> library(MASS)
R> sh <- Shepard(d, loc)
R> plot(sh,
R>      xlab = "Distâncias originais",
+       ylab = "Disparidades")
R> abline(0, 1, col = "blue")
```

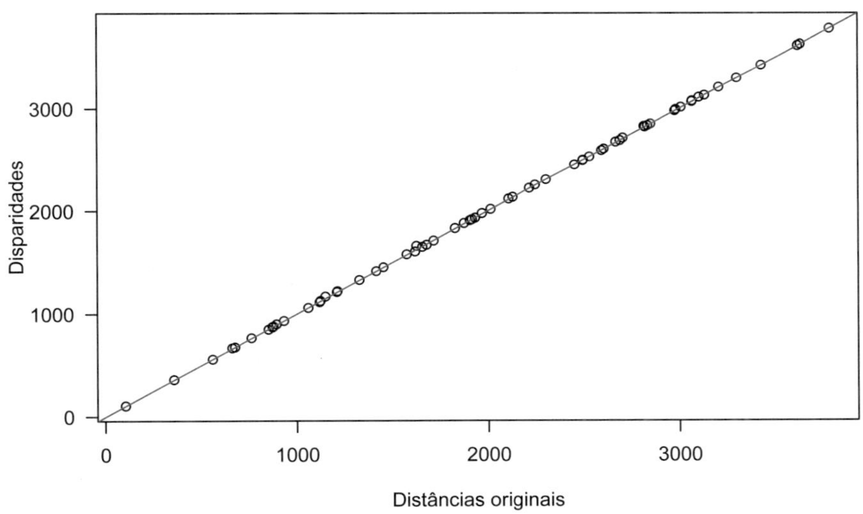

Figura 14.2. Diagrama de Shepard entre distâncias originais e disparidades obtidas com o escalonamento bidimensional métrico de doze capitais brasileiras.

Veremos adiante como calcular uma medida de stress para saber o quão bem está representada a matriz de distâncias no plano bidimensional.

14.3. O escalonamento multidimensional não métrico

A solução métrica apresentada na seção anterior pode resultar em uma projeção conflitante acerca da ordem de proximidade dos objetos. O escalonamento multidimensional não métrico (*nMDS, nonmetric multidimensional scaling*), concebido por Kruskal (1964 a, b), procura resolver esse problema utilizando uma regressão isotônica[1] (monotônica) das distâncias de configuração, de tal forma que a ordem delas seja mantida. Assim, a preservação exata das distâncias não é de importância primária num nMDS.

Diferentemente do método clássico de escalonamento métrico, os algoritmos não métricos são baseados em processos iterativos de determinação das coordenadas de acordo com a minimização de uma função objetivo, a função *stress*.

Considere $\Delta = (\delta_{ij})$, $i, j = 1, 2, ...n$ a matriz de distâncias originais. O algoritmo para nMDS consiste basicamente nos seguintes passos:

1. Ordene as $n(n-1)/2$ distâncias δ_{ij}.

2. Escolha uma solução k-dimensional arbitrária para dar início ao processo iterativo. Pode ser uma matriz $(n \times k)$ contendo dados provenientes de uma variável aleatória uniforme ou mesmo a solução clássica (métrica) contendo as coordenadas dos n objetos em k dimensões.

3. Calcule as distâncias d_{ij} entre todos os pares de objetos com base na configuração inicial. Em geral, utiliza-se a distância euclideana.

4. Obtenha $\hat{d}_{ij}$ por meio de uma regressão isotônica e avalie uma função stress.

[1] No R, a função `isoreg()` realiza regressão isotônica.

Uma opção é a função $Stress_1$ de Kruskal:

$$Stress_1 = \left(\frac{\sum_{i=2}^{n} \sum_{j<i}^{n-1} (d_{ij} - \hat{d}_{ij})^2}{\sum_{i=2}^{n} \sum_{j<i}^{n-1} \hat{d}_{ij}^2} \right)^{1/2}$$

5. Por meio de algum algoritmo iterativo, como o método de Newton-Raphson, obtenha uma nova configuração de dimensão k cujas distâncias d_{ij} minimizam o valor de stress em relação aos valores $\hat{d}_{ij}$ encontrados no passo 4.

6. Com a nova configuração, execute o passo 4.

7. Repita os passos 5 e 6 até o valor de stress convergir para um mínimo.

Com o algoritmo descrito, há a possibilidade de o valor de stress convergir para um mínimo local, ao invés de um mínimo global, o que pode nos conduzir a uma escolha indevida de k. Isso pode ser avaliado por meio de um gráfico de dispersão dos valores de stress obtidos após convergência versus as respectivas dimensões k.

Exemplo

Com o objeto `d` contendo as distâncias aéreas entre doze capitais brasileiras, usaremos a função `isoMDS()` do pacote **MASS** (Venables & Ripley, 2002) para obter uma solução de escalonamento bidimensional não métrico. Esta implementação utiliza o algoritmo descrito anteriormente.

```
# configuração inicial
R> set.seed(3456)
R> ini <- matrix(runif(24), ncol = 2)

# nMDS
```

```
R> iso <- isoMDS(d, y = ini, k = 2, maxit = 200)
initial  value 39.110449
iter   5 value 33.960515
iter  10 value 31.300535
iter  15 value 25.881856
iter  20 value 23.251009
iter  25 value 21.086116
iter  30 value 19.916463
iter  35 value 18.646608
iter  40 value 17.761638
iter  45 value 17.435746
iter  50 value 17.186977
iter  55 value 13.098529
iter  60 value 9.156949
iter  65 value 5.847417
iter  70 value 2.333335
iter  75 value 0.831169
final  value 0.366409
converged

R> iso
$points
                 [,1]       [,2]
B.Vista     68.695142  -2.230153
Brasília    -7.058176   3.894420
C.Grande   -12.126662 -25.256716
Cuiabá       5.979025 -20.670781
J.Pessoa    -4.126546  54.157523
Manaus      50.658092 -13.946185
P.Alegre   -44.214853 -28.859150
Recife      -4.847149  52.663907
R.Branco    41.934056 -45.117418
R.Janeiro  -37.231500   2.838302
Salvador   -15.866168  33.754340
```

```
S.Paulo    -34.663177  -5.708047

$stress
[1] 0.3664089
```

Como estamos simulando dados da distribuição uniforme, fixamos uma semente para que esses mesmos resultados sejam obtidos. Esses resultados são, então, dependentes da configuração inicial (objeto `ini` passado ao argumento `y`).

O valor de stress após a convergência foi de 0,3664, obtido com oitenta iterações com base no critério *default* (`tol = 1e-3`) de tolerância[2]. Esse é um valor pequeno de stress quando consideramos sair do espaço n-dimensional para o bidimensional. Em geral, valores de stress inferiores a 15% são aceitáveis. Não obstante, Sturrock & Rocha (2000) propuseram uma tabela para avaliação da significância dos valores de stress obtidos com uma dada configuração (de 1 a 3) para uma dada dimensão (de 5 a 100) da matriz de distância. A tabela foi formulada com base na distribuição nula empírica, construída a partir de matrizes aleatorizadas. A tabela é disponibilizada na forma de apêndice. Para o nosso exemplo, com $n = 12$ e $k = 2$, observamos na tabela o valor crítico de 0,183 de stress, com $\alpha = 0,01$. Assim, temos uma probabilidade $p < 0,01$ de que as cidades estejam arranjadas aleatoriamente no espaço bidimensional.

A Figura 14.3 mostra o gráfico de evolução do stress de acordo com o número de dimensões, variando de 1 a 5. Note que de $k = 1$ para $k = 2$ há uma redução brusca no valor do stress. A partir daí, não ocorre praticamente nenhuma redução. Isso indica que a representação das distâncias no espaço bidimensional é uma escolha apropriada.

Para obter a Figura 14.3, digite os códigos a seguir.

```
R> n <- attr(d, "Size")
```

[2]Quanto maior a tolerância, menos iterações serão necessárias para atingir a convergência. Entretanto, os resultados serão menos acurados.

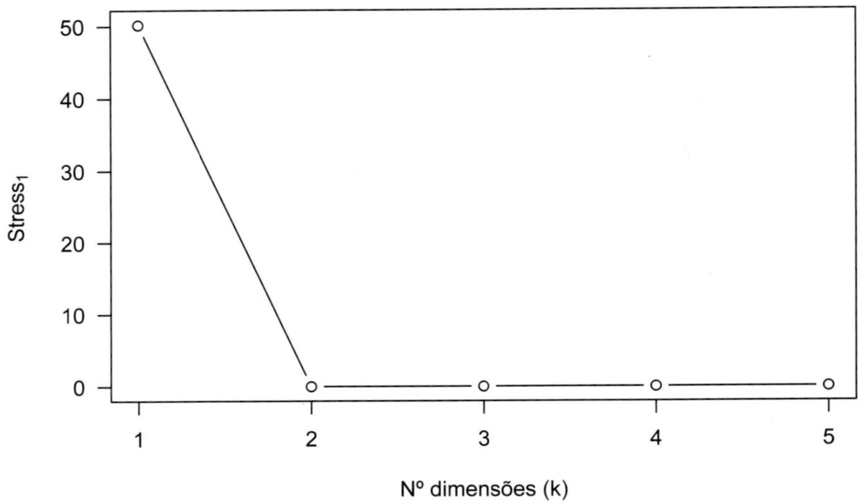

Figura 14.3. Evolução do stress para o escalonamento multidimensional não métrico das distâncias aéreas de doze capitais brasileiras.

```
R> stress <- c()
R> set.seed(3456)
R> for(j in 1:5) {
+     stress[j] <- isoMDS(d,
+        y = matrix(runif(n*j), ncol = j),
+        k = j, maxit = 200, trace = FALSE)$stress
+ }
R> plot(stress, type = "b",
+       xlab = "Nº dimensões (k)",
+       ylab = expression(Stress[1]))
```

A Figura 14.4 mostra o mapeamento nMDS no espaço bidimensional. Há grandes semelhanças com o gráfico obtido com a solução clássica. Entretanto, aqui não temos mais uma interpretação de distâncias em km nos eixos. Para a construção do gráfico, uma rotação ortogonal nos eixos também foi realizada, apenas para dar semelhança ao mapa do Brasil.

```
R> anglo <- 0.9
R> rot <- matrix(c(cos(anglo), -sin(anglo),
+                  sin(anglo), cos(anglo)), 2, 2)
R> newpoints <- iso$points %*% rot
R> plot(x = -newpoints[, 1], y = newpoints[, 2],
+       type = "n", asp = 1,
+       xlab = "Dimensão 1", ylab = "Dimensão 2")
R> text(x = -newpoints[, 1], y = newpoints[, 2],
+       rownames(newpoints), cex = 0.8, col = "red")
R> compassRose(x = 80, y = -40, cex = 0.6)
```

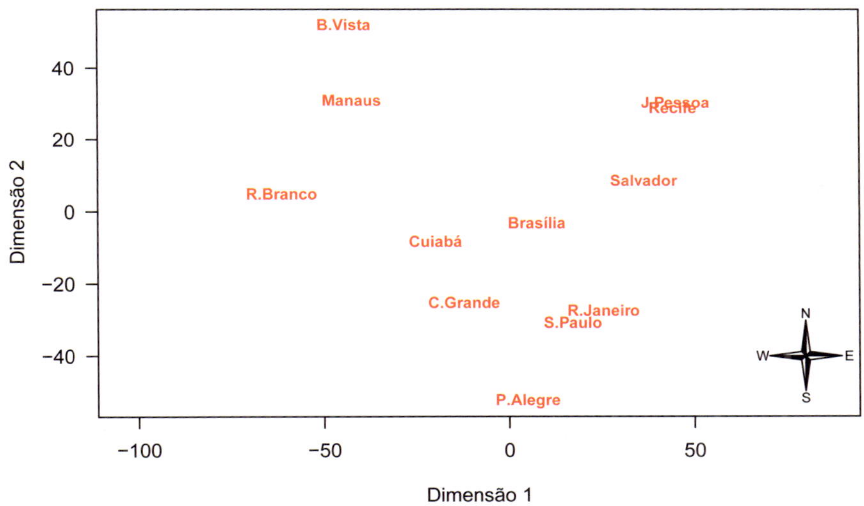

Figura 14.4. Mapeamento das distâncias aéreas de doze capitais brasileiras via escalonamento bidimensional não métrico.

Observe, pelo diagrama de Shepard (Figura 14.5), que as distâncias de configuração (disparidades) não mais tentam reproduzir a magnitude das distâncias originais, como ocorre no escalonamento métrico. Na solução não métrica, apenas a ordem das distâncias é importante, como mostra a linha de predição da regressão isotônica.

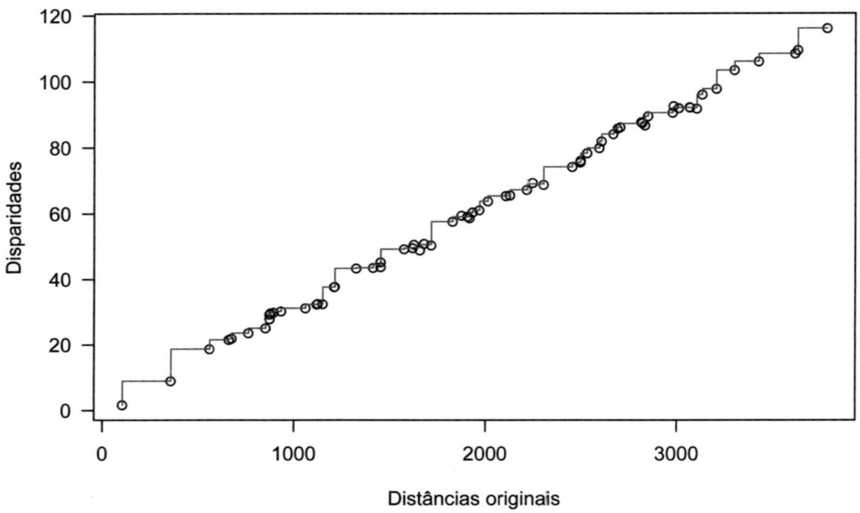

Figura 14.5. Diagrama de Shepard entre distâncias originais e disparidades obtidas com o escalonamento bidimensional não métrico de doze capitais brasileiras.

Para construir a Figura 14.5 use os códigos a seguir.

```
R> shep <- Shepard(d, iso$points)
R> plot(shep,
+       xlab = "Distâncias originais",
+       ylab = "Disparidades")
R> lines(shep$x, shep$yf, type = "S", col = "blue")
```

14.4. Exercício

Com a matriz de distâncias quadradas generalizadas de Mahalanobis entre dezessete acessos de alho disponíveis no pacote **biotools** (Silva, 2016) com o nome `garlicdist`, realize análises de MDS e nMDS. Construa diagramas de Shepard para visualizar o grau de ajuste para duas e três dimensões. Então, faça a representação gráfica do melhor resultado.

Desafio

Insira as bordas do mapa do Brasil na Figura 14.1. *Dica:* use a função `map()` do pacote **maps**.

14.5. Outras implementações

Outros pacotes que contêm implementações para realizar o escalonamento multidimensional métrico são: **ade4** (Dray & Dufour, 2007), **ape** (Paradis et al., 2004), **labdsv** (Roberts, 2013) e **vegan** (Oksanen, 2013).

Soluções nMDS também podem ser obtidas com o pacote **vegan**.

O pacote **MDSGUI** (Timm & Gardner-Lubbe, 2013) permite realizar MDS e nMDS em um ambiente interativo.

14.6. Bibliografia

Dray, S.; Dufour, A. B. (2007) The ade4 package: implementing the duality diagram for ecologists. **Journal of Statistical Software**, 22:1-20.

Gower, J. C. (1966) Some distance properties of latent root and vector methods used in multivariate analysis. **Biometrika**, 53:325-328.

Härdle, W. K.; Simar, L. (2012) **Applied multivariate statistical analysis**. 3. ed. Berlin: Springer.

Kruskal, J. B. (1964a) Multidimensional scaling by optimizing goodness of fit to a nonmetric hypothesis. **Psychometrics**, 29:1-27.

Kruskal, J. B. (1964b) Nonmetrical multidimensional scaling: a numerical method. **Psychometrics**, 29:115-129.

Manly, B. F. J. (2008) **Métodos estatísticos multivariados:** uma introdução (Tradução Sara I. Carmona). 3. ed. Porto Alegre: Bookman.

Oksanen, J.; Blanchet, F. G.; Kindt, R.; Legendre, P.; Minchin, P. R.; O'Hara, R. B.; Simpson, G. L.; Solymos, P.; Stevens, M. P. H.; Wagner, H. (2013) **vegan**: Community ecology package. R package version 2.0-10. Disponível em: `http://CRAN.R-project.org/package=vegan`

Paradis, E.; Claude, J.; Strimmer, K. (2004) APE: analyses of phylogenetics and evolution in R language. **Bioinformatics**, 20: 289-290.

Rencher, A. (2002) **Methods of multivariate analysis**. 2. ed.

New York: John Wiley & Sons.

Roberts, D. W. (2013) **labdsv**: Ordination and multivariate analysis for ecology. R package version 1.6-1. Disponível em: `http://CRAN.R-project.org/package=labdsv`

Silva, A. R. (2016) **biotools**: Tools for biometry and applied statistics in agricultural science. R package version 3.0. Disponível em `http://CRAN.R-project.org/package=biotools`.

Silva, A. R.; Cecon, P. R.; Dias, C. T. S.; Puiatti, M.; Finger, F. L. (2014) Morphological phenotypic dispersion of garlic cultivars by cluster analysis and multidimensional scaling. **Scientia Agricola**, 71:38-43.

Sturrock, K; Rocha, J. (2000) A multidimensional scaling stress evaluation table. **Field Methods**, 12:49-60.

Timm, A.; Gardner-Lubbe, S. (2013) **MDSGUI**: a GUI for interactive MDS in R. R package version 0.1.1. Disponível em: `http://CRAN.R-project.org/package=MDSGUI`

Torgerson, W. S. (1952) Multidimensional scaling, 1: theory and method. **Psychometrics**, 17:401-419.

Venables, W. N.; Ripley, B. D. (2002) **Modern applied statistics with S**. 4. ed. New York: Springer. ISBN 0-387-95457-0.

Capítulo 15

Simulação de dados multivariados

Este capítulo trata basicamente da geração de dados provenientes da distribuição normal multivariada. Duas situações comuns serão abordadas: a simulação de dados normais livres de quaisquer efeitos de fatores, o que chamamos aqui de dados observacionais, e a simulação de dados sob o efeito de um fator, dados experimentais. Em ambos os casos, usaremos a implementação `mvrnorm()` do pacote **MASS** (Venables & Ripley, 2002).

```
R> library(MASS)
```

15.1. Simulando dados observacionais

Sejam Z_1, Z_2, ..., Z_p variáveis aleatórias independentes com distribuição normal de média zero e variância 1. Então, o vetor aleatório p-variado $\mathbf{Z} = \begin{bmatrix} Z_1 & Z_2 & \cdots & Z_p \end{bmatrix}^T$ é tal que

$$\mathbf{Z} \sim N_p(\mathbf{0}, \mathbf{I})$$

A partir dele, um vetor aleatório $\mathbf{X}$ proveniente da distribuição normal p-variada com vetor de médias $\boldsymbol{\mu}$ e estrutura de covariância

$\boldsymbol{\Sigma}$ pode ser obtido por meio de

$$\mathbf{X} = \mathbf{Z}\mathbf{U} + \boldsymbol{\mu}$$

sendo $\mathbf{U}$ uma matriz triangular superior de dimensão $p \times p$ tal que $\boldsymbol{\Sigma} = \mathbf{U}^T\mathbf{U}$. A matriz $\mathbf{U}$ é conhecida como o triângulo de Choleski e a fatoração anteriormente descrita de $\boldsymbol{\Sigma}$ é a decomposição de Choleski. Um procedimento alternativo seria usar a decomposição espectral de $\boldsymbol{\Sigma}$. Neste caso, a matriz $\mathbf{U}$ seria obtida pelo produto $\boldsymbol{\Lambda}^{1/2}\mathbf{V}^T$.

Para ilustrar o método, considere simular quinze vetores aleatórios de dimensão $p = 3$:

$$\mathbf{X} \sim N_3\left(\begin{bmatrix} 8,0 \\ 3,9 \\ 1,0 \end{bmatrix}, \begin{bmatrix} 14,5 & 0,3 & -2,6 \\ 0,3 & 3,4 & -0,8 \\ -2,6 & -0,8 & 0,9 \end{bmatrix}\right)$$

```
R> mu <- c(8, 3.9, 1)
R> sigma <- matrix(c(14.5,  0.3, -2.6,
+                     0.3,  3.4, -0.8,
+                    -2.6, -0.8,  0.9), 3, 3)

R> set.seed(999)
R> X <- mvrnorm(15, mu, sigma)
R> X
           [,1]       [,2]        [,3]
[1,]   7.331327 1.62881039  2.89693628
[2,]   3.047894 3.90009346  2.19167604
[3,]  11.025348 4.22219532  0.48012517
[4,]   8.986316 5.71586005  0.95696999
[5,]   7.229781 0.02571684  1.92641259
[6,]   5.848334 1.32307076  0.89248096
[7,]   0.727212 4.76076497  1.89375852
[8,]   3.278420 3.11259850  2.29659370
[9,]   4.319239 4.35549712  1.81470107
```

```
[10,]  3.782292 1.51142176  1.58461757
[11,] 12.906313 5.21852439 -0.43587221
[12,]  8.673450 1.89039154  1.36118162
[13,] 11.592593 2.26972061  0.08159007
[14,]  8.790946 0.94837776  0.98065776
[15,] 11.687181 3.84284558  0.51571442

 R> colMeans(X)
[1] 7.281776 2.981726 1.295836

 R> cov(X)
            [,1]       [,2]       [,3]
[1,] 13.6255807  0.3920486 -2.5763285
[2,]  0.3920486  2.9989693 -0.4360735
[3,] -2.5763285 -0.4360735  0.8288310
```

Note que fixamos uma semente com a função `set.seed()` para que o gerador de números (pseudo)aleatórios forneça sempre os resultados acima. Verificamos também que tanto as médias amostrais quanto a matriz de covariâncias amostrais são representativas dos parâmetros. Esta representatividade será tanto maior quanto maior for `n`.

15.2. Simulando dados experimentais

A situação anterior é bastante simples, pois não requer nenhuma estratificação dos dados, isto é, tanto o vetor de médias quanto a matriz de covariâncias é considerada a mesma para todas as observações. No entanto, podemos estar interessados em simular dados cujos vetores de médias podem ser diferentes, variando de acordo com os níveis de um fator experimental. Nesse âmbito, tomemos por base o modelo de análise de variância multivariada de um delineamento inteiramente aleatorizado (*one-way ANOVA*) a seguir:

$$\mathbf{y}_{ij} = \boldsymbol{\mu} + \boldsymbol{\tau}_i + \boldsymbol{\epsilon}_{ij}$$

em que $\mathbf{y}_{ij}$ é um vetor p-dimensional de observações feitas na j-ésima repetição do i-ésimo tratamento, $\boldsymbol{\mu}$ é um vetor p-dimensional de médias populacionais, $\boldsymbol{\tau}_i$ é um vetor p-dimensional de efeitos de tratamentos e $\boldsymbol{\epsilon}_{ij}$ é um vetor p-dimensional de erros aleatórios. De acordo com as exigências do modelo, e ainda considerando esse modelo aleatório, temos que:

$$\begin{aligned} \boldsymbol{\tau}_i &\sim N_p(\mathbf{0}, \boldsymbol{\Sigma}_t) \\ \boldsymbol{\epsilon}_{ij} &\sim N_p(\mathbf{0}, \boldsymbol{\Sigma}) \end{aligned}$$

Logo, vem a distribuição condicional

$$\mathbf{Y}_{ij}|\boldsymbol{\tau}_i \sim N_p(\boldsymbol{\mu} + \boldsymbol{\tau}_i, \boldsymbol{\Sigma})$$

e, por conseguinte, temos a distribuição marginal

$$\mathbf{Y}_{ij} \sim N_p(\boldsymbol{\mu}, \boldsymbol{\Sigma} + \boldsymbol{\Sigma}_t)$$

pois é sabido que

$$\begin{aligned} E(\mathbf{Y}_{ij}) &= E[E(\mathbf{Y}_{ij}|\boldsymbol{\tau}_i)] \\ &= E[\boldsymbol{\mu} + \boldsymbol{\tau}_i] \\ &= \boldsymbol{\mu} \\ Var(\mathbf{Y}_{ij}) &= E[Var(\mathbf{Y}_{ij}|\boldsymbol{\tau}_i)] + Var[E(\mathbf{Y}_{ij}|\boldsymbol{\tau}_i)] \\ &= E[Var(\boldsymbol{\epsilon}_{ij})] + Var[\boldsymbol{\mu} + \boldsymbol{\tau}_i] \\ &= \boldsymbol{\Sigma} + \boldsymbol{\Sigma}_t \end{aligned}$$

Abordaremos no exemplo a seguir um método bastante geral, que serve não apenas para o caso de um fator, mas para a maioria dos modelos de análise de variância.

Exemplo

Tomemos como exemplo simular $p = 3$ variáveis aleatórias sob o efeito de $t = 5$ tratamentos, cada um com $r = 6$ repetições. Admita então:

$$\mathbf{\Sigma} = \begin{bmatrix} 7,67 & 1,45 & -1,91 \\ 1,45 & 1,50 & -0,87 \\ -1,91 & -0,87 & 0,77 \end{bmatrix},$$

$$\mathbf{\Sigma}_t = \begin{bmatrix} 9,71 & -1,61 & -1,04 \\ -1,61 & 1,52 & 0,15 \\ -1,04 & 0,15 & 0,77 \end{bmatrix},$$

e

$$\boldsymbol{\mu} = \begin{bmatrix} 8,0 & 3,9 & 1,0 \end{bmatrix}^T$$

O primeiro passo é simular a matriz de resíduos, $\boldsymbol{\epsilon}$ $(tr \times p)$.

```
R> p <- 3    # nº variáveis
R> n <- 5 * 6   # n = tr
R> covR <- matrix(c(7.67,    1.45, -1.91,
+                   1.45,    1.50, -0.87,
+                  -1.91, -0.87,  0.77), p, p)
R> set.seed(123)
R> E <- mvrnorm(n, rep(0, p), covR)
R> E
           [,1]        [,2]        [,3]
[1,] -1.3738224 -0.76777011  0.67650852
[2,] -0.7563174  0.09944371 -0.06204572
[3,]  4.5837713  0.07195304 -0.89681959
[4,]  0.4629878 -0.96164015  0.04866962
[5,]  0.6023594 -0.87036084 -0.03007904
[6,]  4.9656996  0.45320180 -0.94356723
[7,]  1.4792519 -0.21909926 -0.02248369
[8,] -3.4943759 -0.76382030  0.93595881
```

```
 [9,] -1.9577852 -0.04206485  0.61371238
[10,] -1.2767389  0.31045045  0.67148481
[11,]  3.0974092  1.46874047 -1.30480857
[12,]  0.8230178  0.21066388 -0.89854395
[13,]  0.6942764  1.66850680 -0.55603566
[14,]  1.0411238 -2.22933318  0.59633281
[15,] -1.1278166 -1.67859006  0.72512024
[16,]  4.5524739  2.43703080 -1.53400390
[17,]  1.2139102  0.71216405 -0.59788223
[18,] -5.6147841 -0.94218725  1.00114551
[19,]  2.2087903 -0.32077238 -0.17757452
[20,] -1.3335215 -0.24006281  0.28861427
[21,] -2.8432870 -0.96275255  0.90018456
[22,] -0.5934355 -0.07416529  0.24351472
[23,] -2.8479180 -0.66999496  0.66383335
[24,] -1.4934166 -1.81917641  1.23358212
[25,] -1.8051831 -0.20246773  0.32765615
[26,] -4.0843939 -2.63421242  1.93463152
[27,]  1.7982304  2.25684935 -0.97248066
[28,]  0.6448619 -0.45448377  0.21678027
[29,] -3.0952924 -0.91048336  0.82357970
[30,]  3.5656606  0.72299670 -0.58225176
```

Em seguida, simulamos $\boldsymbol{\tau}$ $(t \times p)$, a matriz de efeitos de tratamentos.

```
R> covT <- matrix(c(9.71, -1.61, -1.04,
+                    -1.61,  1.52,  0.15,
+                    -1.04,  0.15,  0.77), p, p)
R> set.seed(123)
R> Tau <- mvrnorm(5, rep(0, p), covT)
R> Tau
           [,1]       [,2]        [,3]
[1,] -1.9533454 -1.4702813 1.327415268
[2,] -0.7691493 -0.3469539 0.409559620
```

```
[3,] 5.1311884 0.4737457 -0.345394713
[4,] 0.3638105 0.7077100  0.002341437
[5,] 0.4329784 0.3803875 -0.528793709
```

Note que essa matriz de efeitos de tratamento poderia ser simplesmente imposta (efeito fixo), isto é, não gerada a partir da distribuição normal. Além disso, você irá observar que o resultado da simulação é mais preciso em termos do vetor de médias e da matriz de covariâncias quando o número de tratamentos aumenta.

Agora, precisamos construir a matriz $\mathbf{Y}$ de respostas $(tr \times p)$. Observe que esta matriz é dada por uma adição de matrizes, da seguinte forma:

$$\mathbf{Y} = \mathbf{1}_{tr} \otimes \boldsymbol{\mu}^T + \boldsymbol{\tau} \otimes \mathbf{1}_r + \boldsymbol{\epsilon}$$

em que $\otimes$ denota produto de Kronecker.

Obteremos a primeira dessas matrizes, fazendo:

```
R> Mu <- kronecker(rep(1, n), t(mu))
R> Mu
      [,1] [,2] [,3]
[1,]     8  3.9    1
[2,]     8  3.9    1

...

[30,]    8  3.9    1
```

Note que, com esse tipo de operação de matrizes, podemos criar a matriz de incidência dos efeitos de tratamentos $(\mathbf{X})$ mais facilmente, fazendo $\mathbf{X} = \mathbf{I}_t \otimes \mathbf{1}_r$. Analogamente, a matriz $\boldsymbol{\tau} \otimes \mathbf{1}_r$ pode ser obtida por:

```
R> XTau <- kronecker(Tau, rep(1, 6))
R> XTau
           [,1]       [,2]        [,3]
[1,] -1.9533454 -1.4702813 1.327415268
```

```
 [2,] -1.9533454 -1.4702813  1.327415268
 [3,] -1.9533454 -1.4702813  1.327415268
 [4,] -1.9533454 -1.4702813  1.327415268
 [5,] -1.9533454 -1.4702813  1.327415268
 [6,] -1.9533454 -1.4702813  1.327415268
 [7,] -0.7691493 -0.3469539  0.409559620
 [8,] -0.7691493 -0.3469539  0.409559620
 [9,] -0.7691493 -0.3469539  0.409559620
[10,] -0.7691493 -0.3469539  0.409559620
[11,] -0.7691493 -0.3469539  0.409559620
[12,] -0.7691493 -0.3469539  0.409559620
[13,]  5.1311884  0.4737457 -0.345394713
[14,]  5.1311884  0.4737457 -0.345394713
[15,]  5.1311884  0.4737457 -0.345394713
[16,]  5.1311884  0.4737457 -0.345394713
[17,]  5.1311884  0.4737457 -0.345394713
[18,]  5.1311884  0.4737457 -0.345394713
[19,]  0.3638105  0.7077100  0.002341437
[20,]  0.3638105  0.7077100  0.002341437
[21,]  0.3638105  0.7077100  0.002341437
[22,]  0.3638105  0.7077100  0.002341437
[23,]  0.3638105  0.7077100  0.002341437
[24,]  0.3638105  0.7077100  0.002341437
[25,]  0.4329784  0.3803875 -0.528793709
[26,]  0.4329784  0.3803875 -0.528793709
[27,]  0.4329784  0.3803875 -0.528793709
[28,]  0.4329784  0.3803875 -0.528793709
[29,]  0.4329784  0.3803875 -0.528793709
[30,]  0.4329784  0.3803875 -0.528793709
```

Feito isso, resta obter a soma delas.

```
R> Y <- Mu + XTau + E
R> Y
              [,1]       [,2]         [,3]
```

```
 [1,]  4.672832 1.661949  3.00392379
 [2,]  5.290337 2.529162  2.26536955
 [3,] 10.630426 2.501672  1.43059567
 [4,]  6.509642 1.468079  2.37608489
 [5,]  6.649014 1.559358  2.29733622
 [6,] 11.012354 2.882920  1.38384804
 [7,]  8.710103 3.333947  1.38707593
 [8,]  3.736475 2.789226  2.34551843
 [9,]  5.273066 3.510981  2.02327200
[10,]  5.954112 3.863497  2.08104443
[11,] 10.328260 5.021787  0.10475105
[12,]  8.053868 3.763710  0.51101567
[13,] 13.825465 6.042253  0.09856963
[14,] 14.172312 2.144413  1.25093810
[15,] 12.003372 2.695156  1.37972552
[16,] 17.683662 6.810777 -0.87939862
[17,] 14.345099 5.085910  0.05672306
[18,]  7.516404 3.431558  1.65575080
[19,] 10.572601 4.286938  0.82476692
[20,]  7.030289 4.367647  1.29095571
[21,]  5.520523 3.644957  1.90252600
[22,]  7.770375 4.533545  1.24585616
[23,]  5.515892 3.937715  1.66617479
[24,]  6.870394 2.788534  2.23592356
[25,]  6.627795 4.077920  0.79886244
[26,]  4.348585 1.646175  2.40583781
[27,] 10.231209 6.537237 -0.50127437
[28,]  9.077840 3.825904  0.68798657
[29,]  5.337686 3.369904  1.29478599
[30,] 11.998639 5.003384 -0.11104547
```

Observe agora que $Cov(\mathbf{Y}) \approx \mathbf{\Sigma} + \mathbf{\Sigma}_t$:

```
R> cov(Y)
            [,1]         [,2]          [,3]
```

```
[1,] 12.145035  2.702746 -2.6075419
[2,]  2.702746  1.967109 -1.1741198
[3,] -2.607542 -1.174120  0.9258462
```

Poderíamos verificar, por exemplo, qual seria o resultado de uma MANOVA e quais as estimativas dos vetores de médias de tratamentos.

```
 # criando um vetor de 5 tratamentos com 6 rep
 R> trat <- gl(5, 6)
 R> trat
 [1] 1 1 1 1 1 1 2 2 2 2 2 2 3 3 3 3 3 3 4 4 4 4 4 4
 5 5 5 5 5 5
 Levels: 1 2 3 4 5

 # realizando a manova
 R> summary(manova(Y ~ trat))
          Df Pillai approx F num Df den Df   Pr(>F)
trat       4 1.3396   5.0421     12     75 4.42e-06 ***
Residuals 25
---
 Signif. codes:  0 '***' 0.001 '**' 0.01 '*' 0.05
 '.' 0.1 ' ' 1

 # vetores de médias
 R> aggregate(Y ~ trat, FUN = mean)
  trat        V1       V2        V3
1    1  7.460768 2.100523 2.1261930
2    2  7.009314 3.713858 1.4087796
3    3 13.257719 4.368344 0.5937181
4    4  7.213346 3.926556 1.5277005
5    5  7.936959 4.076754 0.7625255
```

Desafio

1. Estime as matrizes $\mathbf{\Sigma}$ e $\mathbf{\Sigma}_t$, a partir dos dados simulados (objeto `Y`).

2. Refaça o processo de simulação com $t = 100$ tratamentos. Verifique se as estimativas anteriores melhoram, isto é, se se aproximam dos seus respectivos parâmetros (objetos `covR` e `covT`).

15.3. Outras implementações

Uma alternativa para simulação de dados normais multivariados é a função `rmvnorm()` do pacote **mvtnorm** (Genz et al., 2014).

15.4. Bibliografia

Genz, A.; Bretz, F.; Miwa, T.; Mi, X.; Leisch, F.; Scheipl, F.; Hothorn, T. (2014) **mvtnorm**: Multivariate normal and t distributions. R package version 0.9-99992. Disponível em: `http://CRAN.R-project.org/package=mvtnorm`

Golub, G. H.; Loan, C. F. V. (1996) **Matrix computations**. 3. ed. The Johns Hopkins University Press.

Venables, W. N.; Ripley, B. D. (2002) **Modern applied statistics with S**. 4. ed. New York: Springer. ISBN 0-387-95457-0.

Apêndice A

Diretrizes de aplicação dos métodos

Na Tabela A.1 o leitor encontrará não um guia definitivo, mas algumas diretrizes para a escolha dos métodos multivariados, de acordo com objetivo do estudo as características dos dados. Não custa ressaltar que mais de um método pode (e deve) ser aplicado a um mesmo conjunto de dados, de modo a garantir consistência das conclusões tomadas a partir das análises.

Tabela A.1. Resumo de utilização de alguns dos principais métodos multivariados.

Método	Indicação/finalidade	Variáveis
Gráficos de dispersão 2D e 3D	Exame das relações entre poucas (< 10) variáveis e identificação de observações atípicas.	Quantitativas
Faces de Chernoff	Exame comparativo de observações.	Quantitativas
Gráficos de estrelas	Exame comparativo de observações.	Quantitativas
Análise de componentes principais	Redução dimensional pela determinação de combinações lineares das variáveis.	Quantitativas
Biplot	Representação gráfica dos efeitos das linhas (observações) e colunas (variáveis) em duas ou três dimensões.	Quantitativas
Análise de fatores	Redução dimensional pela construção de modelos para as variáveis a partir de combinações lineares delas.	Quantitativas
MANOVA	Testes de hipóteses acerca de fatores e interações multivariadas entre fatores; comparações entre vetores de médias.	Com distribuição normal multivariada.
Modelo multinomial	Testes de hipóteses acerca de fatores e interações entre fatores; comparações entre frequências esperadas de categorias; classificação	Multicategóricas
Elipses de confiança	Inferências sobre vetores de médias no plano bidimensional.	Coordenadas (variáveis) com distribuição normal bivariada.
Análise de correlação canônica	Estudo do relacionamento entre dois grupos de variáveis a partir de combinações lineares delas.	Quaisquer tipos de variáveis, desde que seja possível computar uma matriz de correlação entre elas.
Análise de agrupamento	Determinação de grupos de indivíduos similares com base em matrizes de distância.	Quaisquer
Análise discriminante	Separação otimizada de indivíduos de grupos previamente estabelecidos com base em observações multivariadas; reclassificação e classificação de novos indivíduos.	Quantitativas
Escalonamento multidimensional	Exame gráfico do relacionamento entre indivíduos a partir de matrizes de dissimilaridade.	Quaisquer

Apêndice B

Lista de pacotes utilizados

- ape v.5.7.1
- ade4 v.1.7.22
- biotools v.4.2
- candisc v.0.8.6
- car v.3.1.0
- cluster v.2.1.3
- corrplot v.0.92
- ellipse v.0.5.0
- emmeans v.1.8.1.1
- nnet v.7.3.17
- heplots v.1.3.9
- lattice v.0.20.45
- MASS v.7.3.57
- plotrix v.3.8.2
- plot3D v.1.4
- qgraph v.1.9.2
- reshape2 v.1.4.4
- rgl v.0.107.14
- scatterplot3d v.0.3.44
- sp v.1.5.0
- TeachingDemos v.2.13

Apêndice C

Lista de dados (pacotes) utilizados

- agriculture (cluster)
- garlicdist (biotools)
- iris (datasets)
- LifeCycleSavings (datasets)
- mtcars (datasets)
- peppercorr (biotools)
- pressure (datasets)
- schooldata (heplots)
- trees (datasets)
- USArrests (datasets)
- UScereal (MASS)
- Wolves (candisc)

Apêndice D

Valores críticos de stress

Tabela D.1. Limites inferiores de stress ao nível de 1% de significância para avaliação de escalonamento multidimensional não métrico.

Número de objetos (n)	Número de dimensões (k) 1	2	3	Número de objetos (n)	Número de dimensões (k) 1	2	3
5	0.002	0.000	0.000	23	0.471	0.301	0.205
6	0.019	0.002	0.000	24	0.475	0.302	0.212
7	0.161	0.024	0.002	25	0.480	0.308	0.216
8	0.227	0.071	0.012	26	0.487	0.313	0.221
9	0.256	0.104	0.038	27	0.488	0.317	0.223
10	0.286	0.133	0.058	28	0.490	0.319	0.229
11	0.328	0.160	0.084	29	0.497	0.324	0.232
12	0.347	0.183	0.103	30	0.499	0.328	0.235
13	0.368	0.199	0.117	31	0.503	0.330	0.240
14	0.387	0.217	0.134	32	0.505	0.333	0.241
15	0.393	0.228	0.147	33	0.507	0.337	0.243
16	0.411	0.242	0.154	34	0.510	0.339	0.247
17	0.421	0.254	0.162	35	0.512	0.342	0.250
18	0.431	0.263	0.172	36	0.514	0.343	0.252
19	0.441	0.269	0.182	37	0.517	0.347	0.255
20	0.446	0.279	0.189	38	0.519	0.348	0.255
21	0.459	0.284	0.196	39	0.519	0.349	0.258
22	0.466	0.293	0.200	40	0.522	0.352	0.260

... continua

Número de objetos (n)	Número de dimensões (k) 1	2	3	Número de objetos (n)	Número de dimensões (k) 1	2	3
41	0.525	0.354	0.262	71	0.551	0.384	0.292
42	0.526	0.356	0.264	72	0.551	0.384	0.293
43	0.528	0.357	0.265	73	0.552	0.385	0.294
44	0.53	0.358	0.267	74	0.552	0.386	0.294
45	0.530	0.360	0.269	75	0.553	0.386	0.294
46	0.532	0.362	0.269	76	0.553	0.386	0.296
47	0.534	0.363	0.271	77	0.554	0.386	0.296
48	0.534	0.365	0.272	78	0.553	0.387	0.296
49	0.534	0.365	0.274	79	0.553	0.388	0.297
50	0.536	0.366	0.275	80	0.555	0.388	0.297
51	0.537	0.368	0.276	81	0.555	0.389	0.298
52	0.539	0.369	0.277	82	0.556	0.390	0.299
53	0.539	0.370	0.278	83	0.555	0.390	0.299
54	0.540	0.371	0.280	84	0.556	0.390	0.299
55	0.542	0.372	0.281	85	0.556	0.390	0.300
56	0.542	0.373	0.281	86	0.556	0.391	0.300
57	0.543	0.374	0.282	87	0.557	0.391	0.300
58	0.543	0.375	0.284	88	0.557	0.391	0.300
59	0.544	0.375	0.284	89	0.557	0.392	0.301
60	0.544	0.376	0.285	90	0.558	0.392	0.302
61	0.546	0.377	0.286	91	0.558	0.393	0.302
62	0.547	0.378	0.287	92	0.557	0.393	0.302
63	0.546	0.380	0.287	93	0.558	0.393	0.303
64	0.548	0.379	0.288	94	0.559	0.394	0.303
65	0.548	0.380	0.289	95	0.559	0.394	0.303
66	0.548	0.381	0.290	96	0.559	0.394	0.304
67	0.549	0.381	0.290	97	0.559	0.395	0.304
68	0.550	0.382	0.291	98	0.559	0.395	0.304
69	0.550	0.382	0.291	99	0.560	0.396	0.304
70	0.550	0.384	0.292	100	0.560	0.396	0.305

Fonte: Sturrock & Rocha (2000)

Índice remissivo